Knorrenschild

Numerische Mathematik

Mathematik-Studienhilfen

Herausgegeben von

Prof. Dr. Bernd Engelmann
Hochschule für Technik, Wirtschaft und Kultur Leipzig,
Fachbereich Informatik, Mathematik und Naturwissenschaften

Zu dieser Buchreihe:

Die Reihe Mathematik-Studienhilfen richtet sich vor allem an Studenten technischer und wirtschaftswissenschaftlicher Fachrichtungen an Fachhochschulen und Universitäten.

Die mathematische Theorie und die daraus resultierenden Methoden werden korrekt, aber knapp dargestellt. Breiten Raum nehmen ausführlich durchgerechnete Beispiele ein, welche die Anwendung der Methoden demonstrieren und zur Übung zumindest teilweise selbstständig bearbeitet werden sollten.

In der Reihe werden neben mehreren Bänden zu den mathematischen Grundlagen auch verschiedene Einzelgebiete behandelt, die je nach Studienrichtung ausgewählt werden können. Die Bände der Reihe können vorlesungsbegleitend oder zum Selbststudium eingesetzt werden.

Bisher erschienen:

Dobner/Engelmann, *Analysis 1*
Dobner/Engelmann, *Analysis 2*
Dobner/Dobner, *Gewöhnliche Differenzialgleichungen*
Gramlich, *Lineare Algebra*
Gramlich, *Anwendungen der Linearen Algebra*
Knorrenschild, *Numerische Mathematik*
Knorrenschild, *Vorkurs Mathematik*
Martin, *Finanzmathematik*
Nitschke, *Geometrie*
Preuß, *Funktionaltransformationen*
Sachs, *Wahrscheinlichkeitsrechnung/Statistik*
Stingl, *Operations Research – Linearoptimierung*
Tittmann, *Graphentheorie*

Michael Knorrenschild

Numerische Mathematik

Eine beispielorientierte Einführung

7., vollständig überarbeitete Auflage

HANSER

Autor:
Prof. Dr. rer. nat. Michael Knorrenschild, Bochum

MIX
Papier aus verantwortungsvollen Quellen
FSC® C014889

Bibliografische Information der Deutschen Nationalbibliothek:
Die Deutsche Nationalbibliothek verzeichnet diese Publikation in der Deutschen Nationalbibliografie; detaillierte bibliografische Daten sind im Internet über http://dnb.d-nb.de abrufbar.

Lektorat: Dipl.-Ing. Natalia Silakova-Herzberg
Herstellung: Anne Kurth
Satz: Michael Knorrenschild
Titelbild: Max Kostopoulos, unter Verwendung von Grafiken von © gettyimages.de/filo
Covergestaltung: Max Kostopoulos
Coverkonzept: Marc Müller-Bremer, www.rebranding.de, München
Druck und Binden: Friedrich Pustet GmbH & Co. KG, Regensburg
Printed in Germany

Print-ISBN: 978-3-446-46916-7
E-Book-ISBN: 978-3-446-46959-4

Inhalt

Vorwort

Numerische Mathematik gehört zu den Teilgebieten der Mathematik, die von Ingenieuren im beruflichen Alltag verwendet werden. Durch verstärkte Verwendung von Computer-Simulationen in allen Bereichen erhöht sich die Bedeutung dieses Themas, in dem Fragestellungen der Mathematik und der Informatik zusammenkommen, zunehmend.

Der vorliegende Band deckt die wichtigsten Themen der numerischen Mathematik für Studierende der Ingenieurwissenschaften ab und entspricht in etwa dem Umfang einer einsemestrigen Lehrveranstaltung. Das Anliegen ist dabei, die Ideen der wichtigsten numerischen Verfahren zu präsentieren und anhand einer Vielzahl von Beispielen deren charakteristische Eigenschaften zu illustrieren. Auf Beweise und längere Herleitungen wird dabei weitgehend verzichtet. Vorausgesetzt werden Vorkenntnisse zur elementaren Differenzial- und Integralrechnung sowie zur linearen Algebra im Umfang etwa einer Anfängervorlesung zu diesen Themen.

Die Darstellungsweise profitiert von Erfahrungen, die ich in Lehrveranstaltungen zur Numerischen Mathematik für Studierende der Ingenieurwissenschaften an der Rheinisch-Westfälischen Technischen Hochschule Aachen, der Simon Fraser University in Burnaby (Kanada), der Eidgenössischen Technischen Hochschule Zürich und der Hochschule Bochum gesammelt habe. Die Anordnung der Themen folgt der bewährten Reihenfolge von Grundlagen der Gleitpunktarithmetik über die numerische Lösung von eindimensionalen Gleichungen, von linearen und nichtlinearen Gleichungssystemen, die Behandlung von Interpolations- und Ausgleichsproblemen bis hin zu numerischer Differenziation und Integration. Den Abschluss bildet ein Einblick in die numerische Lösung von Anfangswertaufgaben gewöhnlicher Differenzialgleichungen.

Die Entstehung und Weiterentwicklung dieses Buchs wurde im Laufe der Jahre von verschiedener Seite tatkräftig und wohlwollend unterstützt. Zuerst ist das Team des Hanser-Verlags zu nennen, beginnend 2003 mit Frau Christine Fritzsch bis heute mit

Frau Natalia Silakova. Für fachliche Ratschläge danke ich dem Herausgeber Prof. Dr. Bernd Engelmann. Herrn Dr. Thomas Schenk gebührt Dank für die kritische Durchsicht weiter Teile des Manuskripts. Für die vorliegende siebte Auflage wurde das Layout überarbeitet, Fehler korrigiert, Formulierungen verbessert und Ergänzungen vorgenommen. Dabei bin ich vielen aufmerksamen Leserinnen und Lesern dankbar. Hinweise und Anregungen aus dem Leserkreis sind auch weiterhin jederzeit willkommen.

Bochum, im März 2021 Michael Knorrenschild

1 Rechnerarithmetik und Gleitpunktzahlen

In der Numerischen Mathematik geht es in der Regel um die näherungsweise Berechnung von Lösungen von Gleichungen oder anderen Größen wie z. B. Funktionswerte oder Integrale mithilfe von Computern. Dies geschieht aus zwei möglichen Gründen:

- Diese Größen sind auf dem Papier nicht exakt berechenbar, also muss es mit anderen Mitteln geschehen.
- Die Größen sind zwar auf dem Papier exakt bestimmbar, aber die Anwendung erfordert, diese wiederholt und zuverlässig in kurzer Zeit zur Verfügung zu stellen, sodass eine Rechnung von Hand auch wieder nicht infrage kommt.

Der Computer hat jedoch zwei prinzipielle Handicaps:

- Er kann durch die beschränkte Stellenzahl nicht alle Zahlen exakt darstellen.
- Er kann die gewünschten Rechnungen nicht exakt ausführen.

Im Folgenden werden Auswirkungen dieser Handicaps anhand von Beispielen und Aufgaben veranschaulicht.

1.1 Grundbegriffe und Gleitpunktarithmetik

Wir beginnen mit der Frage, wie Zahlen auf dem Rechner dargestellt werden. Vom Taschenrechner kennen wir Formate wie z.B: $1.234\,E\,12$, was für $1.234 \cdot 10^{12}$ steht, die sogenannte wissenschaftliche Darstellung. Die Verwendung des Exponenten erlaubt eine Kommaverschiebung und damit große Zahlenbereiche. Auf dem Rechner ist es ganz ähnlich.

Definition

Eine **n-stellige Gleitpunktzahl** zur Basis B hat die Form

$$x = \pm(0.z_1 z_2 \dots z_n)_B \cdot B^E \quad \text{und den Wert} \quad \pm\sum_{i=1}^{n} z_i \cdot B^{E-i} \tag{1.1}$$

wobei $z_i \in \{0, 1, \dots, B-1\}$ und, falls $x \neq 0$, $z_1 \neq 0$ (**normalisierte Gleitpunktdarstellung**). Den Anteil $(0.z_1 z_2 \dots z_n)_B$ bezeichnet man auch als **Mantisse**. Für den Exponenten $E \in \mathbb{Z}$ gilt: $m \leq E \leq M$.

■

Beispielsweise ist also $x = -(0.2345)_{10} \cdot 10^3$ eine 4-stellige Gleitpunktzahl und hat den Wert -234.5.

Übliche Basen sind $B = 2$ (Dualzahlen), $B = 8$ (Oktalzahlen), $B = 10$ (Dezimalzahlen) und $B = 16$ (Hexadezimalzahlen). Für letztere benötigt man für eine eindeutige Schreibweise 16 verschiedene Zeichen, man verwendet dabei die Ziffern $0, 1, \dots, 9$ sowie die Buchstaben $A, \dots, F$, wobei $A \triangleq 10$, $B \triangleq 11, \dots, F \triangleq 15$. Die Werte n, m, M, B sind maschinenabhängig (wobei unter Maschine der Rechner zusammen mit dem benutzten Compiler zu verstehen ist).

Als Beispiel erwähnen wir die IEC/IEEE-Gleitpunktzahlen. Dabei unterscheidet man zwei Grundformate ($B = 2$):

- **single format** Gesamtlänge der Zahl ist 32 Bit. Dieses teilt sich auf in 1 Bit für das Vorzeichen, 23 Bit für die Mantisse und 8 Bit für den Exponenten.
- **double format** Gesamtlänge der Zahl ist 64 Bit. Dieses teilt sich auf in 1 Bit für das Vorzeichen, 52 Bit für die Mantisse und 11 Bit für den Exponenten.

Das Vorzeichenbit $v \in \{0, 1\}$ erzeugt das Vorzeichen der Zahl über den Faktor $(-1)^v$, d. h. $v = 0$ ergibt positives Vorzeichen, $v = 1$ negatives. Eine umfassende Abhandlung dieser und anderer Formate findet man in [13].

Aufgaben

1.1 Welchen Wert haben die folgenden Gleitpunktzahlen im Dezimalsystem:

$$x_1 = 0.76005 \cdot 10^5, \qquad x_2 = 0.571 \cdot 10^{-3}\,?$$

1.2 Welchen Wert haben die folgenden Gleitpunktzahlen im Dualsystem:

$$x_1 = 0.111 \cdot 2^3, \qquad x_2 = 0.1001 \cdot 2^{-3}\,?$$

1.3 Wie viele Stellen n benötigt man, um die folgenden Zahlen als n-stellige Gleitpunktzahlen im Dezimalsystem darzustellen?

$$x_1 = 0.00010001, \qquad x_2 = 1230001, \qquad x_3 = \frac{4}{5}, \qquad x_4 = \frac{1}{3}$$

Bei der letzten Aufgabe haben Sie festgestellt, dass nicht jede reelle Zahl als Gleitpunktzahl dargestellt werden kann. Dies trifft insbesondere auf Zahlen zu, die unendlich viele Stellen benötigen würden, beispielsweise kann $\frac{1}{7}$ nicht als Gleitpunktzahl im Dezimalsystem dargestellt werden. Ebenso kann z. B. 12345 nicht als 3-stellige Gleitpunktzahl im Dezimalsystem geschrieben werden. Die Lage ist sogar noch ernster, denn es gilt:

Die Menge der auf einem Rechner darstellbaren Zahlen, die sog. **Maschinenzahlen**, ist endlich.

Aufgaben

1.4 Bestimmen Sie alle dualen 3-stelligen Gleitpunktzahlen mit einstelligem Exponenten sowie ihren dezimalen Wert. Hinweis: Sie sollten 9 finden.

1.5 Wie viele verschiedene Maschinenzahlen gibt es auf einem Rechner, der 20-stellige Gleitpunktzahlen mit 4-stelligen Exponenten sowie dazugehörige Vorzeichen im Dualsystem verwendet? Wie lautet die kleinste positive und die größte Maschinenzahl?

Auch sind die Maschinenzahlen ungleichmäßig verteilt. Bild 1.1 zeigt alle binären normalisierten Gleitpunktzahlen mit 4-stelliger Mantisse und 2-stelligem Exponenten.

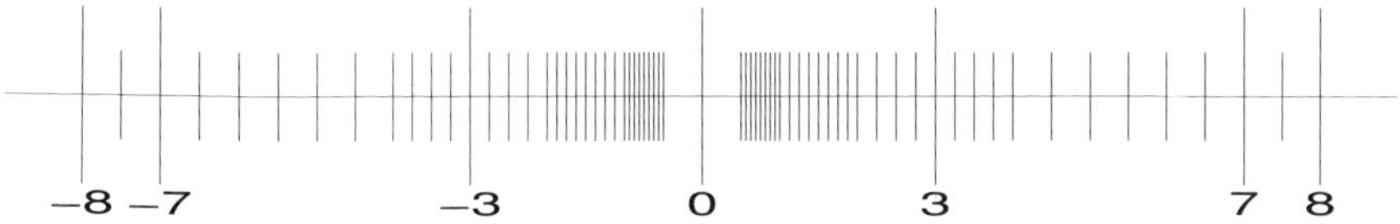

Bild 1.1 Alle binären Maschinenzahlen mit $n = 4$ und $0 \leq E \leq 3$

Unter den endlich vielen Maschinenzahlen gibt es zwangsläufig eine größte und eine kleinste:

- Die größte Maschinenzahl ist $x_{max} = (1 - B^{-n})\, B^M$,
- die kleinste positive ist $x_{min} = B^{m-1}$.

x_{min} basiert auf der normalisierten Gleitpunktdarstellung. Sieht man von der Normalisierung $z_1 \neq 0$ in (1.1) ab, führt dies auf die **subnormalen Zahlen**, die bis hinunter zu B^{m-n} reichen (IEEE Standard 754). Führt eine Rechnung in den Zahlenbereich der subnormalen Zahlen, so bezeichnet man dies als **graduellen Unterlauf** (gradual underflow). Ein (echter) **Unterlauf** (underflow) tritt erst unterhalb der subnormalen Zahlen auf. In diesem Fall wird meist mit Null weitergerechnet.

Taucht im Verlauf einer Rechnung eine Zahl auf, die betragsmäßig größer als x_{max} ist, so bezeichnet man dies als **Überlauf** (overflow). Mit IEEE 754 konforme Systeme setzen diese Zahl dann auf eine spezielle Bitsequenz **inf** und geben diese am Ende aus.[1]

Jede reelle Zahl, mit der im Rechner gerechnet werden soll und die selbst keine Maschinenzahl ist, muss also durch eine Maschinenzahl ersetzt werden. Idealerweise wählt man diese Maschinenzahl so, dass sie möglichst nahe an der reellen Zahl liegt (Rundung).

Definition

Hat man eine Näherung $\tilde{x}$ zu einem exakten Wert x, so bezeichnet $|\tilde{x}-x|$ den **absoluten Fehler** dieser Näherung. ■

Beispiel 1.1

Gesucht ist eine Näherung $\tilde{x}$ zu $x = \sqrt{2} = 1.414213562\ldots$ mit einem absoluten Fehler von höchstens 0.001.

Lösung: $\tilde{x}_1 = 1.414$ erfüllt das Verlangte, denn $|\tilde{x} - x| = 0.000213562\ldots \leq 0.001$. Andere Möglichkeiten sind $\tilde{x}_2 = 1.4139$. $\tilde{x}_1$ stimmt auf 4 Ziffern mit dem exakten Wert überein, $\tilde{x}_2$ nur auf 3. Eine größere Anzahl an übereinstimmenden Ziffern bedeutet aber keinesfalls immer einen kleineren absoluten Fehler, wie das Beispiel $x = \sqrt{3} = 1.732050808\ldots$ und $\tilde{x}_1 = 2.0$, $\tilde{x}_2 = 1.2$ zeigt: $\tilde{x}_1$ hat keine gültige Ziffer, $\tilde{x}_2$ hat eine gültige Ziffer, trotzdem besitzt $\tilde{x}_1$ den kleineren absoluten Fehler. ■

Beim Runden einer Zahl x wird eine Näherung $\mathrm{rd}(x)$ unter den Maschinenzahlen gesucht, die einen minimalen absoluten Fehler $|x - \mathrm{rd}(x)|$ aufweist. Dabei entsteht ein (unvermeidbarer) Fehler, der sog. **Rundungsfehler**. ■

---

[1] Achtung: IEEE 754 regelt nicht die Rechnung mit integer-Größen. Ein overflow in einer integer-Variablen kann zu falschen Ergebnissen ohne jede Fehlermeldung führen. Hier ist also die besondere Aufmerksamkeit des Benutzers gefordert.

Eine n-stellige dezimale Gleitpunktzahl $\tilde{x} = \pm(0.z_1 z_2 \ldots z_n)_B \cdot 10^E = \mathrm{rd}(x)$, die durch Rundung eines exakten Wertes x entstand, hat also einen absoluten Fehler von höchstens

$$|x - \mathrm{rd}(x)| \leq 0.\underbrace{00\ldots00}_{n\,\text{Nullen}}5 \cdot 10^E = 0.5 \cdot 10^{-n+E}.$$

Rechnet man mit diesen Maschinenzahlen weiter, so werden die entstandenen Rundungsfehler weiter durch die Rechnung getragen. Unter ***n*-stelliger Gleitpunktarithmetik** versteht man, dass jede einzelne Operation (wie z. B. $+, -, *, \ldots$) auf $n+1$ Stellen genau gerechnet wird und das Ergebnis dann auf n Stellen gerundet wird. Erst dann wird die nächste Operation ausgeführt. Jedes Zwischenergebnis wird also auf n Stellen gerundet, nicht erst das Endergebnis einer Kette von Rechenoperationen. Von nun an werden wir uns, wenn nichts anderes gesagt ist, auf dezimale Gleitpunktarithmetik beziehen.

Aufgabe

1.6 Bekanntlich ist $\lim\limits_{n\to\infty}(1+\frac{1}{n})^n = \mathrm{e}$. Versuchen Sie damit auf Ihrem Rechner näherungsweise e zu berechnen, indem Sie immer größere Werte für n einsetzen. Erklären Sie Ihre Beobachtung.

Beispiel 1.2

Es soll $2590 + 4 + 4$ in 3-stelliger Gleitpunktarithmetik (im Dezimalsystem) gerechnet werden und zwar zum einen mit Rechnung von links nach rechts und zum anderen von rechts nach links.

Lösung: Alle 3 Summanden sind exakt darstellbar. Als Ergebnis erhält man, bei Rechnung von links nach rechts:

$$2590 + 4 = 2594 \overset{\text{runden}}{\longrightarrow} 2590, \qquad 2590 + 4 = 2594 \overset{\text{runden}}{\longrightarrow} 2590.$$

Die beiden kleinen Summanden gehen damit gar nicht sichtbar in das Ergebnis ein. Rechnet man jedoch in anderer Reihenfolge

$$4 + 4 = 8 \overset{\text{runden}}{\longrightarrow} 8, \qquad 8 + 2590 = 2598 \overset{\text{runden}}{\longrightarrow} 2600$$

so erhält man einen genaueren Wert, sogar den in 3-stelliger Gleitpunktarithmetik besten Wert (2598 wird bestmöglich durch die Maschinenzahl 2600 dargestellt). ■

Es kommt also bei n-stelliger Gleitpunktarithmetik auf die Reihenfolge der Operationen an, anders als beim exakten Rechnen. Man sieht, dass in der zweiten Rechnung die kleinen Summanden sich erst zu einem größeren Summanden finden, der sich dann auch in der Gesamtsumme auswirkt. Beginnt man die Rechnung mit dem größten Summanden, so werden die kleinen nacheinander vom größten verschluckt und spielen gar keine Rolle mehr. Als Faustregel kann man daher festhalten:

> Beim Addieren sollte man die Summanden in der Reihenfolge aufsteigender Beträge addieren. ■

Dadurch erreicht man – bei gleicher Rechenzeit! – ein wesentlich genaueres Ergebnis. Ein eindrucksvolles Beispiel ist das folgende.

Beispiel 1.3

Es soll $s_{300} := \sum_{i=1}^{300} \frac{1}{i^2}$ berechnet werden.

Lösung: Mit dezimaler Gleitpunktarithmetik erhält man

$$s_{300} = 1.6416062828976228698\ldots \quad \text{bei exakter Rechnung}$$

$$s_{141} = s_{142} = \ldots = s_{300} = 1.6390 \quad \text{5-stellig gerechnet, addiert von 1 bis 300}$$

$$s_{300} = 1.6416 \quad \text{5-stellig gerechnet, addiert von 300 bis 1}$$

$$s_{14} = s_{15} = \ldots = s_{300} = 1.59 \quad \text{3-stellig gerechnet, addiert von 1 bis 300}$$

$$s_{300} = 1.64 \quad \text{3-stellig gerechnet, addiert von 300 bis 1.}$$

Bei 3- bzw. 5-stelliger Rechnung und geeigneter Wahl der Summationsreihenfolge wird also das auf 3 bzw. 5 Stellen genaue exakte Ergebnis erzielt.
Dagegen wird bei 3- bzw. 5-stelliger Rechnung und ungeschickter Wahl der Summationsreihenfolge das exakte Ergebnis nur auf 1 bzw. 2 Stellen genau erreicht. Dies macht den Einfluss deutlich, den die Summationsreihenfolge bei der Rechnung auf einem Computer besitzt. ■

Aufgabe

1.7 Weisen Sie durch Betrachtung von Rundungsfehler und Stellenzahl nach, dass in obigem Beispiel der Summenwert bei der Summation von 1 bis 300 bei 3- bzw. 5-stelliger Rechnung ab s_{14} bzw. s_{141} stagniert. Ab welchem Index stagniert der Summenwert bei n-stelliger Rechnung?

Man beachte, dass die verschiedenen Möglichkeiten der Berechnung der Summe in obigem Beispiel genau gleiche Gleitpunktoperationen benötigen, die Rechenzeit ist also stets die gleiche. Der einzige Unterschied besteht in der Reihenfolge der Operationen.

Als ein Maß für den Rechenaufwand kann man die Anzahl der durchgeführten Rechenschritte in der Gleitpunktarithmetik heranziehen, d. h. die Anzahl der Gleitpunktoperationen, im Englischen kurz „Flops" („floating point operations") genannt. Manchmal bezeichnet man auch eine Operation der Form $a + b \cdot c$, also eine Addition und eine Multiplikation zusammen, als einen Flop. Wir werden hier der Einfachheit halber aber nicht alle Flops zählen, sondern nur die Punktrechenoperationen, also Multiplikationen und Divisionen. Als Maß für die Rechengeschwindigkeit eines Rechners ist die Einheit „flops per second", also die Anzahl der möglichen Gleitpunktoperationen pro Sekunde, üblich. Der derzeit (Anfang 2021) weltweit schnellste Rechner („Fugaku") steht beim RIKEN Center for Computational Science (Japan) und hat eine Leistung von 415.5 Petaflops, also mehr als $415 \cdot 10^{15}$ Operationen pro Sekunde, der schnellste Rechner in Deutschland („SuperMUC-NG") steht im Leibniz-Rechenzentrum in München und belegt weltweit Platz 13 mit ca. 19.5 Petaflops[2].

Wir haben bisher nur den absoluten Fehler betrachtet. Dieser für sich allein sagt aber nicht viel aus – man kann z. B. die Qualität eines Messwertes nicht beurteilen, wenn man nur weiß, dass ein Widerstand R auf z. B. $\pm 2\,\Omega$ genau gemessen wurde. Zur Beurteilung muss man berücksichtigen, wie groß der Wert, den man messen möchte, wirklich ist. Man muss also den absoluten Fehler in Relation zur Größe der zu messenden Werte sehen, und dazu dient der relative Fehler:

Definition

Hat man eine Näherung $\tilde{x}$ zu einem exakten Wert $x \neq 0$, so bezeichnet $\left|\frac{\tilde{x}-x}{x}\right|$ den **relativen Fehler** dieser Näherung. ∎

In der Literatur findet man oft auch $\tilde{x}$ im Nenner statt x. Der relative Fehler wird auch gern in % angegeben, d. h. statt von einem relativen Fehler von z. B. 0.15 redet man auch von 15 %.
Der maximal auftretende relative Fehler bei Rundung kann bei n-stelliger Gleitpunktarithmetik als

$$eps := \tfrac{B}{2} \cdot B^{-n}$$

angegeben werden. eps ist die kleinste positive Zahl, für die auf dem Rechner $1 + eps \neq 1$ gilt. Man bezeichnet eps auch als **Maschinengenauigkeit**. Es gilt dann:

$$\mathrm{rd}(x) = (1+\varepsilon)\,x \quad \text{mit } |\varepsilon| \le eps.$$

Dies besagt, dass ε, also der relative Fehler der Näherung $\mathrm{rd}(x)$ an x, stets durch die Maschinengenauigkeit beschränkt ist.

[2] Eine aktuelle Liste der 500 schnellsten Rechner findet man unter *www.top500.org*

Aufgabe

1.8 Schreiben Sie ein kurzes Programm, das auf Ihrem Rechner näherungsweise die Maschinengenauigkeit eps berechnet. Schließen Sie aus dem Ergebnis, ob Ihr Rechner im Dual- oder Dezimalsystem rechnet und mit welcher Stellenzahl er operiert.

1.2 Auslöschung

Dieses Phänomen tritt bei der Subtraktion zweier fast gleich großer Zahlen auf (siehe auch Beispiel 7.2):

Beispiel 1.4
$\Delta_1 f(x,h) := f(x+h) - f(x)$ soll für $f = \sin$, $x = 1$ und $h = 10^{-i}$, $i = 1,\ldots,8$ mit 10-stelliger dezimaler Gleitpunktarithmetik berechnet werden und absoluter und relativer Fehler beobachtet werden.

Lösung: Man erhält

h	$\Delta_1 f(1,h)$	abs. Fehler	rel. Fehler
10^{-1}	$4.97363753 \cdot 10^{-2}$	$4.6461 \cdot 10^{-11}$	$9.3414 \cdot 10^{-10}$
10^{-2}	$5.36085980 \cdot 10^{-3}$	$1.1186 \cdot 10^{-11}$	$1.8875 \cdot 10^{-9}$
10^{-3}	$5.39881500 \cdot 10^{-4}$	$1.9639 \cdot 10^{-11}$	$3.6378 \cdot 10^{-8}$
10^{-4}	$5.40260000 \cdot 10^{-5}$	$2.3141 \cdot 10^{-11}$	$4.2834 \cdot 10^{-7}$
10^{-5}	$5.40300000 \cdot 10^{-6}$	$1.9014 \cdot 10^{-11}$	$3.5193 \cdot 10^{-6}$
10^{-6}	$5.40300000 \cdot 10^{-7}$	$1.8851 \cdot 10^{-12}$	$3.4890 \cdot 10^{-6}$
10^{-7}	$5.40000000 \cdot 10^{-8}$	$3.2263 \cdot 10^{-11}$	$5.5943 \cdot 10^{-4}$
10^{-8}	$5.40000000 \cdot 10^{-9}$	$3.2301 \cdot 10^{-12}$	$5.5950 \cdot 10^{-4}$

Hier sind verschiedene Phänomene zu beobachten:

- Der berechnete Wert hat immer weniger von Null verschiedene Ziffern. Grund: Wenn man zwei 10-stellige Zahlen voneinander subtrahiert, die annähernd gleich sind, fallen die gleichen Ziffern weg und nur die wenigen verschiedenen bleiben übrig. Mit fallendem h liegen die beiden Funktionswerte immer näher beieinander und daher wird die Anzahl der von Null verschiedenen Ziffern immer kleiner. Wird dagegen im IEEE-Standard gerechnet, also insb. im Dualsystem, so findet die Auslöschung bei der internen Rechnung in den Dualzahlen statt und ist für den Benutzer, der ja auf dem Bildschirm Dezimalzahlen sieht, nicht ohne Weiteres erkennbar.

- Der absolute Fehler ändert sich mit fallendem h kaum; er liegt etwas geringer als die theoretische Schranke $5 \cdot 10^{-10}$ erwarten ließe.
- Der relative Fehler steigt indes stark an. Dies war zu erwarten, denn der relative Fehler ist ja der Quotient aus dem absoluten Fehler dividiert durch den exakten Wert. Er muss hier ansteigen, denn der absolute Fehler bleibt in etwa gleich, während der exakte Wert fällt. ■

Beispiel 1.5
Zur Lösung der quadratischen Gleichung $x^2 - 2\,p\,x + q = 0$ kann bekanntlich die Formel $x_{1,2} := p \pm \sqrt{p^2 - q}$ benutzt werden. Prüfen Sie, ob dabei Auslöschung auftreten kann und vergleichen Sie mit der Alternative $x_1 := p + \operatorname{sign}(p) \cdot \sqrt{p^2 - q}$, $x_2 := \frac{q}{x_1}$.

Lösung: In der ersten Formel tritt Auslöschung auf, wenn eine der beiden Nullstellen nahe bei 0 liegt, d. h. wenn q klein gegenüber p^2 ist. In der Alternative werden Differenzen vermieden, x_1 wird ohne Differenzen berechnet, und x_2 aus x_1 (Satz von Vieta). ■

Aufgabe

1.9 Versuchen Sie mit Ihrem Rechner den Grenzwert $\lim\limits_{x \to 0} \frac{e^x - 1}{x}$ (der 1 ist) näherungsweise zu berechnen, indem Sie immer kleinere Werte für x einsetzen. Erklären Sie Ihre Beobachtung.

1.3 Fehlerrechnung

Wie schon gesehen, wird beim Rechnen mit fehlerbehafteten Werten der Fehler weitergetragen. In den wenigsten Fällen verkleinert er sich dabei, in der Regel muss man mit einer Vergrößerung des Fehlers rechnen. Wir haben schon oben gesehen wie man in manchen Fällen durch Umstellen von Formeln Verbesserungen erzielen kann, jedoch an der Tatsache der Fehlerfortpflanzung an sich kann man wenig ändern. Es ist jedoch in der Praxis wichtig, wenn man schon die Fehler durch die endliche Rechnerarithmetik nicht vermeiden kann, wenigstens eine Vorstellung zu bekommen, wie groß denn der entstandene Fehler höchstens sein kann.

1.3.1 Fehlerfortpflanzung in arithmetischen Operationen

Gegeben seien zwei fehlerbehaftete Zahlen $\tilde{x}$, $\tilde{y}$ und zugehörige exakte Werte x, y. Bei der Addition sieht man dann aus

$$x + y - (\tilde{x} + \tilde{y}) = x - \tilde{x} + y - \tilde{y},$$

dass im günstigsten Fall, nämlich wenn die Vorzeichen von $x - \tilde{x}$ und $y - \tilde{y}$ entgegengesetzt sind, der Fehler der Summe kleiner sein kann als die Fehler der Summanden. Im Regelfall sind die Vorzeichen der Fehler aber nicht bekannt, sodass wir vom ungünstigen Fall ausgehen. Das bedeutet, dass sich die Fehler addieren. Da wir also das Vorzeichen außer Betracht lassen – daher haben wir den absoluten Fehler ja auch als Absolutbetrag des Fehlers definiert – gilt das Gleiche für die Subtraktion. Hierbei ist aber zusätzlich das in 1.2 besprochene Phänomen der Auslöschung zu beachten.
Im Falle der Multiplikation gilt:

$$x\,y - \tilde{x}\,\tilde{y} = x\,(y - \tilde{y}) + y\,(x - \tilde{x}) - (x - \tilde{x})\,(y - \tilde{y})$$

Insbesondere hat das Produkt von $\tilde{y}$ mit einer Maschinenzahl $x = \tilde{x}$ also den x-fachen absoluten Fehler von $\tilde{y}$. In obiger Formel ist das Produkt der beiden absoluten Fehler normalerweise klein gegenüber den anderen Größen. Bei der Multiplikation mit einer fehlerbehafteten Größe $\tilde{y}$ muss man sogar mit einem noch größeren absoluten Fehler des Produktes rechnen.
Für den relativen Fehler des Produktes gilt:

$$\frac{x\,y - \tilde{x}\,\tilde{y}}{x\,y} = \frac{x - \tilde{x}}{x} + \frac{y - \tilde{y}}{y} - \frac{x - \tilde{x}}{x} \cdot \frac{y - \tilde{y}}{y}.$$

Das Produkt der relativen Fehler von $\tilde{x}$ und $\tilde{y}$ ist in der Regel klein gegenüber den anderen Größen. Eine analoge Betrachtung für die Division führt auf ein ähnliches Ergebnis. Wir halten also fest:

- Bei der Addition und Subtraktion addieren sich die absoluten Fehler der Summanden in erster Näherung.
- Der absolute Fehler eines Produktes liegt in der Größenordnung des Produktes des größeren der beiden Faktoren mit dem größeren der beiden absoluten Fehler.
- Beim Multiplizieren addieren sich die relativen Fehler der Faktoren in erster Näherung.

■

1.3.2 Fehlerfortpflanzung bei Funktionsauswertungen

Wertet man nun eine Funktion f an einer Stelle $\tilde{x}$ anstatt einer Stelle x aus, so wird man natürlich auch einen fehlerbehafteten Funktionswert erhalten. Je nachdem wie die Funktion aussieht, kann dieser Fehler im Funktionswert größer oder kleiner als der Fehler im Eingangswert sein. Man spricht dabei von Fehlerfortpflanzung. Verarbeitet man diese Funktionswerte wiederum in anderen Funktionen, so pflanzt sich der Fehler erneut fort und es ist u. U. nach einer Reihe von Funktionsanwendungen gar nicht mehr klar, ob man dem Ergebnis überhaupt noch trauen kann, da ja unklar ist, wie sich der Fehler der Eingangsdaten im Laufe der Rechnung fortpflanzt. Der Mittelwertsatz liefert aber ein geeignetes Hilfsmittel um zu untersuchen, wie sich ein Fehler in x auf den Fehler im Funktionswert $f(x)$ auswirkt. Es gilt

$$|f(x) - f(\tilde{x})| = |f'(x_0)| \cdot |x - \tilde{x}|$$

für eine unbekannte Zwischenstelle x_0 zwischen x und $\tilde{x}$. Der absolute Fehler vergrößert sich also beim Auswerten der Funktion f, falls $|f'(x_0)| > 1$ ist; falls $|f'(x_0)| < 1$ ist, so verkleinert er sich. Entscheidend ist also die Größe der Ableitung – diese bestimmt den Verstärkungsfaktor für den absoluten Fehler. Da man die Stelle x_0 nicht kennt, betrachtet man den schlimmsten Fall, d. h. man untersucht, wo $|f'(x_0)|$ am größten wird und erhält dann:

Abschätzung des absoluten Fehlers bei Funktionsauswertung

$$|f(x) - f(\tilde{x})| \le M \cdot |x - \tilde{x}| \quad \text{mit } M := \max_{x_0 \in I} |f'(x_0)| \tag{1.2}$$

wobei I ein Intervall ist, das sowohl x als auch $\tilde{x}$ enthält.
Als **Fehlerschätzung** hat man

$$|f(x) - f(\tilde{x})| \approx |f'(\tilde{x})| \cdot |x - \tilde{x}|.$$

■

Bemerkung:
Man beachte den Unterschied zwischen einer Abschätzung und einer Schätzung. Eine Abschätzung liefert eine gesicherte Aussage. Eine Schätzung dagegen liefert eine ungefähre Zahl, die den wahren Wert gut wiedergeben kann oder auch nicht.

Beispiel 1.6
Es soll die Fortpflanzung des absoluten Fehlers für $f(x) = \sin x$ untersucht werden.

Lösung: Hier ist stets $|f'(x_0)| = |\cos x_0| \le 1 =: M$, d. h. beim Auswerten von sin wird der absolute Fehler in den Funktionswerten nicht größer sein als in den x-Werten. Eher wird er kleiner werden (denn für die meisten x_0 gilt ja $|\cos x_0| < 1$). ■

Beispiel 1.7
Es soll die Fortpflanzung des absoluten Fehlers für $f(x) = 1000 \cdot x$ untersucht werden.

Lösung: Da $|f'(x_0)| = 1000$, wird der absolute Fehler in x durch die Funktionsauswertung um den Faktor 1000 vergrößert. ∎

Beispiel 1.8
Es soll die Fortpflanzung des absoluten Fehlers für $f(x) = \sqrt{x}$ untersucht werden.

Lösung: Es ist $f'(x_0) = 0.5/\sqrt{x_0}$, was nahe bei 0 beliebig groß wird. Wertet man also diese Funktion nahe bei 0 mit fehlerbehafteten x-Werten aus, so muss man mit einer starken Vergrößerung des Fehlers rechnen. Betrachtet man z. B. $x = 0.01$, genähert durch $\tilde{x} = 0.011$, so erhält man einen absoluten Fehler in x von $|x - \tilde{x}| = 0.001$. Der Fehler in den Funktionswerten ergibt sich zu $|f(x) - f(\tilde{x})| = |\sqrt{0.01} - \sqrt{0.011}| = 0.00488 = 4.88\,|x - \tilde{x}|$. Der absolute Fehler wird also um den Faktor 4.88 vergrößert. Der Mittelwertsatz würde hier die Abschätzung liefern

$$\begin{aligned} |\sqrt{0.01} - \sqrt{0.011}| &\leq M \cdot |0.01 - 0.011| \\ &\quad \text{mit} \quad M := \max_{x_0 \in [0.01, 0.011]} \frac{1}{2\sqrt{x_0}} = 5, \end{aligned}$$

also im Hinblick auf den wirklichen Faktor 4.88 eine recht realistische Abschätzung der Lage der Dinge. ∎

Wie sieht es nun mit der Fortpflanzung des relativen Fehlers aus?

Beispiel 1.9
Es soll die Fortpflanzung des relativen Fehlers für $f(x) = \sqrt{x}$ und $x = 0.01$, $\tilde{x} = 0.011$ untersucht werden.

Lösung:

$$\frac{|\sqrt{0.01} - \sqrt{0.011}|}{\sqrt{0.01}} = 0.0488, \qquad \frac{|0.01 - 0.011|}{0.01} = 0.1$$

d. h. der relative Fehler nach der Funktionsauswertung ist etwa halb so groß wie der vorher. ∎

Für den allgemeinen Fall verwenden wir (1.2) zur Abschätzung des absoluten Fehlers und erhalten

$$\frac{|f(x) - f(\tilde{x})|}{|f(x)|} \leq \frac{M \cdot |x|}{|f(x)|} \cdot \frac{|x - \tilde{x}|}{|x|}$$

Schätzt man den darin auftretenden Fehlerverstärkungsfaktor $\dfrac{M \cdot |x|}{|f(x)|}$ nach oben ab, so erhält man

Abschätzung des relativen Fehlers bei Funktionsauswertung

$$\frac{|f(x)-f(\tilde{x})|}{|f(x)|} \le \frac{M\cdot \max\limits_{x_0\in I}|x_0|}{\min\limits_{x_0\in I}|f(x_0)|}\cdot\frac{|x-\tilde{x}|}{|x|},$$

wobei I ein Intervall ist, das sowohl x als auch $\tilde{x}$ enthält.
Als **Fehlerschätzung** hat man

$$\frac{|f(x)-f(\tilde{x})|}{|f(x)|} \approx \frac{|f'(\tilde{x})|\cdot|\tilde{x}|}{|f(\tilde{x})|}\cdot\frac{|x-\tilde{x}|}{|x|}.$$

Der Faktor

$$\frac{|f'(\tilde{x})|\cdot|\tilde{x}|}{|f(\tilde{x})|} \tag{1.3}$$

wird **Konditionszahl** genannt. ■

Bemerkungen:

- Man spricht von einem gut konditionierten Problem, wenn die Konditionszahl klein ist (d. h. beim Auswerten der Funktion wird der relative Fehler nicht viel größer). Ein schlecht konditioniertes Problem liegt vor, wenn die Konditionszahl sehr groß ist, z. B. wenn $|f'(x)|$ und $|x|$ groß sind, und $|f(x)|$ klein.
- Man beachte wiederum bei den Schätzungen, dass diese realistisch sein können, aber nicht sein müssen – wie es eben bei Schätzungen so ist.

Beispiel 1.10
Es soll die Verstärkung des relativen Fehlers beim Quadrieren grob untersucht werden.

Lösung: Die Konditionszahl beim Quadrieren, also für $f(x) = x^2$, ergibt sich nach obiger Formel zu 2, d. h. man muss damit rechnen, dass sich der relative Fehler etwa verdoppelt. Dieses Problem ist noch nicht als schlecht konditioniert anzusehen. ■

Beispiel 1.11
Es soll die Verstärkung des relativen Fehlers für $f(x) = x^2 - 10^6$ auf $I = [1000.5, 1001.5]$ untersucht werden, zum einen per Schätzung mit der Konditionszahl und zum anderen mit einer genauen Abschätzung. Das Ergebnis soll für den Fall $x = 1001$, $\tilde{x} = 1001.5$ überprüft werden.

Lösung: In der Nähe von $x = 1000$ gilt offensichtlich $x \approx 1000$, $f'(x) \approx 2000$ und $f(x) \approx 0$, was auf eine hohe Konditionszahl schließen lässt. Konkret, z. B. für $x = 1001$ ergibt sich eine Konditionszahl von $2002\cdot 1001/(1001^2 - 10^6) \approx 1001.5$. Man muss also damit rechnen, dass der relative Fehler beim Auswerten dieser Funktion in der Nähe von 1001 sich vertausendfacht. Dies war aber nur eine Schätzung, gesicherte Angaben liefert nur eine Abschätzung. Auf I ergibt sich die Schranke für f' zu $M = 2003$. Damit kann man den relativen Fehler der Funktionswerte wie folgt abschätzen:

$$\frac{|f(x) - f(\tilde{x})|}{|f(x)|} \leq \frac{M \cdot |x|}{|f(x)|} \cdot \frac{|x - \tilde{x}|}{|x|} \leq \frac{2003 \cdot 1001.5}{1000.5^2 - 10^6} \cdot \frac{|x - \tilde{x}|}{|x|} = 2005.5 \cdot \frac{|x - \tilde{x}|}{|x|}.$$

Also ist der Verstärkungsfaktor für den relativen Fehler maximal 2005.5. Dies ist aber nur eine Abschätzung nach oben, von der wir nicht wissen, wie realistisch sie ist. Theoretisch wäre es auch möglich, dass der wirkliche Verstärkungsfaktor doch klein ist. Daher ist es hier aufschlussreich zu untersuchen, wie groß der Verstärkungsfaktor mindestens ist. Dazu verwenden wir anstelle von M den Wert

$$m := \min_{x_0 \in I} |f'(x_0)| = 2001.$$

Damit erhalten wir:

$$\frac{|f(x) - f(\tilde{x})|}{|f(x)|} \geq \frac{m \cdot |x|}{|f(x)|} \cdot \frac{|x - \tilde{x}|}{|x|} \geq \frac{2001 \cdot 1000.5}{1001.5^2 - 10^6} \cdot \frac{|x - \tilde{x}|}{|x|} = 667 \cdot \frac{|x - \tilde{x}|}{|x|}.$$

Der Verstärkungsfaktor für wden relativen Fehler bei Funktionsauswertungen von $x \in I$ ist also mindestens 667 und höchstens 2005.5. Zur Erinnerung: Die Schätzung oben hatte den Faktor 1001.5 ergeben, kann also je nachdem doch recht ungenau sein. Man sieht, dass relativ kleine Änderungen in den im Fehlerverstärkungsfaktor auftretenden Größen deutliche Änderungen dieses Faktors hervorrufen können. Daher liegt hier ein schlecht konditioniertes Problem vor. ■

Beispiel 1.12

Gegeben ist wieder $f(x) = x^2 - 10^6$ mit $x, \tilde{x} \in I = [1000.5, 1001.5]$. Wie groß darf der relative Fehler in x höchstens sein, damit der relative Fehler in $f(x)$ höchstens 0.02 ist?

Lösung: Den maximalen Verstärkungsfaktor für den relativen Fehler haben wir schon im vorigen Beispiel mit 2005.5 nach oben abgeschätzt. Die Forderung in der Aufgabenstellung kann erfüllt werden, indem man dafür sorgt, dass die rechte Seite der Abschätzung des relativen Fehlers nach oben kleiner als 0.02 bleibt, d. h., es sollte $2005.5 \cdot (\text{relativer Fehler in } x) \leq 0.02$ sein. Dies ist der Fall, wenn der relative Fehler in x kleiner als $0.02/2005.5 = 10^{-5}$ ist. Bei schlecht konditionierten Problemen muss also der Eingangswert ziemlich genau sein, damit am Ende (d. h. nach dem Auswerten der Funktion) das Ergebnis noch brauchbar ist. ■

Aufgaben

1.10 Berechnen Sie mit Ihrem Taschenrechner den Ausdruck

$$x := 4 \cdot 2378^4 - 3363^4 + 2 \cdot 3363^2.$$

Das exakte Ergebnis ist 1. Erklären Sie, warum Sie ein anderes Ergebnis erhalten. Schätzen Sie die Ziffernzahl der in x auftretenden Ausdrücke und daraus den Rundungsfehler. Berücksichtigen Sie dabei die Stellenzahl Ihres Taschenrechners und untersuchen Sie die Fortpflanzung des Rundungsfehlers. Schreiben Sie den Ausdruck unter Benutzung der binomischen Formeln so um, dass eine Auswertung auch mit Ihrem Taschenrechner das exakte Ergebnis liefert.

1.11 Sie wollen die Funktion $f(x) = \sin x + 5x^2$ an einer Ihnen unbekannten Stelle $x \in [1,2]$ auswerten. Dazu wollen Sie einen Näherungswert $\tilde{x} \in [1,2]$ benutzen.
Wie groß darf der absolute Fehler von $\tilde{x}$ höchstens sein, damit der absolute Fehler von $f(\tilde{x})$ höchstens 3 ist?
Wie groß darf der relative Fehler von $\tilde{x}$ höchstens sein, damit der relative Fehler von $f(\tilde{x})$ höchstens 10 % ist?

1.12 Sie wollen die Funktion $f(x) = \frac{\ln x}{1+x^2}$ an einer unbekannten Stelle $x \in [\frac{1}{3},2]$ auswerten. Dazu wollen Sie einen Messwert $\tilde{x} \in [\frac{1}{3},2]$ benutzen.
Wie groß sollte der absolute Fehler von $\tilde{x}$ höchstens sein, wenn Sie einen gesicherten absoluten Fehler in $f(\tilde{x})$ von höchstens 0.01 erreichen wollen?
Was können Sie über den relativen Fehler von $f(\tilde{x})$ sagen, wenn Sie wissen, dass der relative Fehler von $\tilde{x}$ höchstens 1 % ist?

Wahr oder falsch?

1.13 Der absolute Fehler einer Näherung ist immer kleiner oder gleich ihrem relativen Fehler.

1.14 Der absolute Fehler einer Näherung ist immer größer oder gleich ihrem relativen Fehler.

1.15 Zwei Näherungen für denselben exakten Wert mit demselben absoluten Fehler sind immer identisch.

1.16 Zwei Näherungen an denselben exakten Wert mit demselben absoluten Fehler sind gleich weit vom exakten Wert entfernt.

1.17 Man sollte bei einer Summe immer die kleineren Summanden zuerst addieren, weil dabei die Rechengeschwindigkeit schneller ist.

In diesem Kapitel haben wir

- erfahren, wie Zahlen auf dem Rechner dargestellt werden,
- welche Konsequenzen diese Darstellung für die Genauigkeit hat,
- wie die Menge der Zahlen auf dem Rechner („Maschinenzahlen“) beschrieben werden kann,
- welche Idee hinter Rundung steckt,
- wie sich Fehler bei Rechenoperationen fortpflanzen.

■

2 Numerische Lösung von Nullstellenproblemen

2.1 Problemstellung

Gegeben ist eine stetige Funktion $f : \mathbf{R} \longrightarrow \mathbf{R}$, gesucht ist eine Nullstelle von f, d. h. ein $\bar{x} \in \mathbf{R}$ mit $f(\bar{x}) = 0$. Geometrisch bedeutet das, dass der Graph von f die x-Achse in $\bar{x}$ schneidet.

Bevor man anfängt dieses Problem an einen Rechner weiterzugeben, müssen folgende Fragen geklärt sein:

- Gibt es überhaupt Nullstellen von f, wenn ja, in welchem Bereich liegen sie?
- Gibt es mehrere Nullstellen? Wenn ja, welche davon sollen mit dem Rechner gefunden werden?

Dazu dient der

Zwischenwertsatz

Sei $f : [a, b] \longrightarrow \mathbf{R}$ stetig. Sei $c \in \mathbf{R}$ so, dass entweder $f(a) \le c \le f(b)$ oder $f(b) \le c \le f(a)$ gilt (d. h., c liegt zwischen den Funktionswerten $f(a)$ und $f(b)$). Dann gibt es ein $x \in [a, b]$ mit $f(x) = c$ (d. h., dieser Zwischenwert wird auch als Funktionswert angenommen, und zwar in $[a, b]$). ■

Dieser Satz ist mit $c = 0$ gelesen bei der Nullstellenbestimmung hilfreich: Man geht auf die Suche nach zwei Funktionswerten mit verschiedenem Vorzeichen. Hat man a, b gefunden mit $f(a)f(b) < 0$ (d. h. $f(a)$ und $f(b)$ haben unterschiedliches Vorzeichen), so liegt der Wert $c = 0$ also zwischen $f(a)$ und $f(b)$ und mit dem Zwischenwertsatz folgt, dass es zwischen a und b eine Nullstelle gibt. Man hat damit eine Nullstelle grob lokalisiert, und zwar umso genauer, je näher a und b zusammenliegen. Natürlich können in dem gefundenen Intervall auch mehrere Nullstellen liegen.

2.2 Das Bisektionsverfahren

Will man die Nullstelle genauer eingrenzen, so kann man als nächstes den Mittelwert von a und b prüfen, d. h. man untersucht das Vorzeichen von $f(0.5(a+b))$. Je nachdem schließt man dann auf Existenz einer Nullstelle zwischen a und $0.5(a+b)$ oder zwischen $0.5(a+b)$ und b. Man hat damit die Nullstelle auf ein nur halb so großes Intervall eingegrenzt. Führt man dies wiederholt durch, so halbiert sich in jedem weiteren Schritt die Länge des Intervalls, in dem garantiert eine Nullstelle ist, und wird damit beliebig klein. Auf diese Weise kann man also die Nullstelle beliebig genau annähern. Dieses ist ein simples Verfahren zur Bestimmung einer Nullstelle einer stetigen Funktion. Man nennt es **Bisektionsverfahren**. Für praktische Zwecke dauert es zu lange, damit eine Nullstelle zu berechnen, denn es gibt wesentlich schnellere Verfahren. Es ist aber gut geeignet, sich einen groben Überblick über die Lage der Nullstellen zu verschaffen, wenn man nur wenige Schritte damit durchführt.

Beispiel 2.1
Gesucht sind Intervalle, in denen sich die Nullstellen von $p(x) = x^3 - x + 0.3$ befinden.

Lösung: Da p den Grad 3 hat, besitzt p maximal 3 Nullstellen. Wo sollte man nun anfangen diese zu suchen? Das Polynom p ähnelt dem Polynom $q(x) = x^3 - x$, welches die Nullstellen $-1, 0, 1$ hat. Wir nehmen daher an, dass die Nullstellen von p in der Nähe der Nullstellen von q liegen und berechnen zunächst in der Umgebung von -1 bis 1 einige Funktionswerte:

x	-2	-1	0	0.5	1
$p(x)$	-5.7	0.3	0.3	-0.075	0.3

Nach dem Zwischenwertsatz gibt es also in den Intervallen $[-2,-1]$, $[0, 0.5]$, $[0.5, 1]$ jeweils mindestens eine Nullstelle. Da es aber, wie wir oben schon gesehen haben, nicht mehr als 3 geben kann, muss in jedem der Intervalle genau eine Nullstelle liegen. ■

Bemerkung:
Die Überlegung, dass kleine Änderungen in den Koeffizienten eines Polynoms dessen Nullstellen nur wenig verschieben, ist nur prinzipiell richtig. Das Ausmaß der Verschiebung kann enorm sein: Wilkinson gab 1959 ein Polynom an, bei dem eine Änderung eines Koeffizienten um ε eine Verschiebung in einigen Nullstellen um $10^{12}\,\varepsilon$ bewirkt, siehe [5, 10].

Formal sieht das Bisektionsverfahren also folgendermaßen aus:

Das Bisektionsverfahren
Gegeben sei eine stetige Funktion $f : [a,b] \longrightarrow \mathbf{R}$ mit $f(a) \cdot f(b) < 0$.
In jedem der über die Rekursion für $i = 0, 1, \ldots$ erzeugten Intervalle

$$[a_0, b_0] := [a,b];$$

$$[a_{i+1}, b_{i+1}] := \begin{cases} \left[a_i, \dfrac{a_i+b_i}{2}\right] & \text{falls } f(\dfrac{a_i+b_i}{2}) \cdot f(a_i) \le 0 \\ \left[\dfrac{a_i+b_i}{2}, b_i\right] & \text{sonst} \end{cases}$$

befindet sich eine Nullstelle von f und es gilt

$$b_i - a_i = \frac{b-a}{2^i}, \qquad \text{insbesondere also } \lim_{i\to\infty}(b_i - a_i) = 0.$$

■

Beispiel 2.2
Wir wollen die Nullstelle von $p(x) = x^3 - x + 0.3$ in $[0, 0.5]$ bis auf eine Stelle hinter dem Komma genau bestimmen.

Lösung: Es ist $p(0.25) > 0$, also liegt in $[a,b] = [a_0, b_0] = [0.25, 0.5]$ eine Nullstelle, welche die gesuchte sein muss. Es ist $p(0.375) < 0$, also liegt die Nullstelle in $[a_1, b_1] = [0.25, 0.375]$. $p(0.3125) > 0$, demnach liegt sie in $[a_2, b_2] = [0.3125, 0.375]$. Damit ist nachgewiesen, dass die Nullstelle 0.3... ist, wir haben somit die Nullstelle bis auf eine Stelle hinter dem Komma berechnet. Die anderen beiden Nullstellen kann man natürlich auf dem gleichen Weg näherungsweise berechnen. ■

Aufgabe

2.1 Bestimmen Sie wie in Beispiel 2.2 auch die beiden anderen Nullstellen von p mit dem Bisektionsverfahren bis auf eine Nachkommastelle genau.

2.3 Die Fixpunktiteration

Definition

Eine Gleichung der Form $F(x) = x$ heißt **Fixpunktgleichung**. Ihre Lösungen, also die $\bar{x}$ mit $F(\bar{x}) = \bar{x}$, heißen **Fixpunkte**.

■

Die Bezeichnung Fixpunkt rührt daher, dass unter der Abbildung F der Punkt x fix, also unverändert bleibt.

Anstelle eines Nullstellenproblems $f(x) = 0$ kann man auch ein dazu äquivalentes Fixpunktproblem betrachten: Dazu formt man $f(x) = 0$ in Fixpunktform $F(x) = x$ um, wozu es viele Möglichkeiten gibt.

Beispiel 2.3

Die Gleichung $p(x) = x^3 - x + 0.3 = 0$ soll in Fixpunktform gebracht werden.

Lösung: Die einfachste Möglichkeit: $p(x) = 0 \iff x^3 + 0.3 = x$. ■

Bei der Überführung der Gleichungen ist unbedingt auf Äquivalenz zu achten, um die Lösungsmenge nicht zu verändern. Sind die Gleichungen nicht äquivalent, schleppt man sich neue Lösungen ein, die gar nicht interessieren (und von den interessanten nicht zu unterscheiden sind!), oder man verliert u. U. interessierende Lösungen. ■

Definition

Gegeben sei $F : [a, b] \longrightarrow \mathbb{R}$, $x_0 \in [a, b]$. Die rekursiv definierte Folge

$$x_{n+1} := F(x_n), \qquad n = 0, 1, \ldots$$

heißt **Fixpunktiteration** von F zum Startwert x_0. ■

Fixpunktiterationen sind vor allem deshalb interessant, weil sie i. Allg. leicht durchzuführen sind – ein Iterationsschritt benötigt nur eine Funktionsauswertung von F. Die Hoffnung ist, dass die erzeugte Folge gegen einen Fixpunkt von F konvergiert.

Beispiel 2.4

Versuchen Sie Nullstellen von $p(x) = x^3 - x + 0.3$ mittels Fixpunktiteration zu finden.

Lösung: Die Fixpunktiteration zu der in Beispiel 2.3 aufgestellten Fixpunktgleichung lautet $x_{n+1} = F(x_n) = x_n^3 + 0.3$. Aus Beispiel 2.1 wissen wir schon ungefähr, wo wir Nullstellen von p, also Fixpunkte von F, zu suchen haben. Zweckmäßigerweise wählen wir die Startwerte nahe den Stellen, in denen wir die Fixpunkte vermuten. Mit verschiedenen Startwerten erhalten wir:

n	x_n	x_n	x_n
0	−1	0	1
1	−0.7	0.3	1.3
2	−0.043	0.327	2.497
3	0.299920493	0.334965783	15.86881747
4	0.3269785388	0.3375838562	3996.375585
5	0.3349588990	0.3384720217	⋮
6	0.3375815390	0.3387764750	⋮
7	0.3384712295	0.3388812067	⋮
8	0.3387762027	0.3389172778	⋮
9	0.3388811129	0.3389297064	⋮
10	0.3389172455	0.3389339894	⋮

Es sieht also so aus, als würde die Fixpunktiteration mit den Startwerten $x_0 = -1$ und $x_0 = 0$ konvergieren, und die für $x_0 = 1$ nicht. Verwendet man andere Startwerte, so stellt man fest, dass die zugehörigen Fixpunktiterationen entweder gegen die Lösung $x = 0.3389\ldots$ konvergieren oder divergieren. Der Fixpunkt $x = 0.3389\ldots$ scheint die Folge anzuziehen (siehe Bild 2.1), die anderen Fixpunkte scheinen sie abzustoßen, daher können sie mit dieser Iteration nicht angenähert werden.

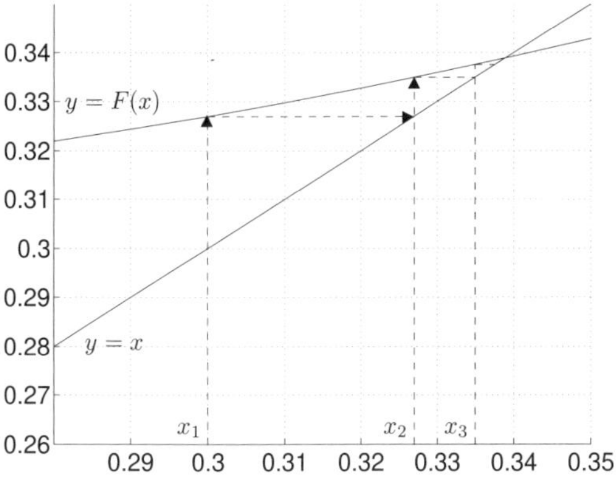

Bild 2.1 Fixpunktiteration ab $x_1 = 0.3$

Bild 2.1 zeigt die Situation in der Nähe des Fixpunkts $x = 0.3389\ldots$ Man erkennt deutlich die schnelle Konvergenz der Fixpunktiteration. Ein Vergleich der Steigungen der Graphen von $y = x$ und $y = F(x)$ im Fixpunkt zeigt, dass die Steigung von $y = F(x)$ kleiner ist als die von $y = x$, d. h. $F'(x) < 1$. Dies scheint der Grund für die Konvergenz der Fixpunktiteration zu sein. In den anderen Fixpunkten ist diese Bedingung nicht erfüllt. Darüber hinaus liegt die Vermutung nahe, dass die Fixpunktiteration umso schneller konvergiert, je kleiner $F'(x)$ ist. ■

Sei $F : [a,b] \longrightarrow \mathbb{R}$ mit stetiger Ableitung F' und $\bar{x} \in [a,b]$ ein Fixpunkt von F. Dann gilt für die Fixpunktiteration $x_{n+1} = F(x_n)$:

- Ist $|F'(\bar{x})| < 1$, so konvergiert x_n gegen $\bar{x}$, falls der Startwert x_0 nahe genug bei $\bar{x}$ liegt. Der Punkt $\bar{x}$ heißt dann **anziehender Fixpunkt**.
- Ist $|F'(\bar{x})| > 1$, so konvergiert x_n für keinen Startwert $x_0 \neq \bar{x}$. Der Punkt $\bar{x}$ heißt dann **abstoßender Fixpunkt**.

■

Beispiel 2.5

Prüfen Sie, welche der drei Fixpunkte $\bar{x}_1 = -1.125\ldots$, $\bar{x}_2 = 0.3389\ldots$, $\bar{x}_3 = 0.7864\ldots$ für die Fixpunktiteration in Beispiel 2.4 anziehend und welche abstoßend sind.

Lösung: $F(x) = x^3 + 0.3$, also $F'(x) = 3\,x^2$. Damit ist wie erwartet $|F'(\bar{x}_2)| < 1$, also $\bar{x}_2$ anziehend. Dagegen ist $|F'(\bar{x}_1)| > 1$ und $|F'(\bar{x}_3)| > 1$, also sind $\bar{x}_1$ und $\bar{x}_3$ abstoßend. ■

Aufgabe

2.2 Prüfen Sie, ob der Fixpunkt $\bar{x}_3 = 0.7864\ldots$ für die Fixpunktiteration $x_{n+1} = F(x_n) := \sqrt[3]{x_n - 0.3}$ anziehend oder abstoßend ist.

Im folgenden Satz werden die Konvergenzbedingungen für die Fixpunktiteration präzisiert, sodass auch klar wird, welche Startwerte für eine Fixpunktiteration geeignet sind. Darüber hinaus hat man sogar eine Fehlerabschätzung zur Verfügung. Fehlerabschätzungen sind in der numerischen Mathematik von besonderer Bedeutung – sie sind unabdingbar um die Qualität eines Näherungswerts beurteilen zu können.

Banachscher Fixpunktsatz

Sei $F : [a,b] \longrightarrow [a,b]$ (d. h. F bildet $[a,b]$ in sich ab), es siere eine Konstante $\alpha < 1$ mit

$$|F(x) - F(y)| \leq \alpha\,|x - y| \quad \text{für alle } x, y \in [a,b]$$

(F ist **kontraktiv**). Dann gilt:

- F hat genau einen Fixpunkt $\bar{x}$ in $[a,b]$.
- Die Fixpunktiteration $x_{n+1} = F(x_n)$ konvergiert gegen $\bar{x}$ für alle Startwerte $x_0 \in [a,b]$.
- Es gelten die Fehlerabschätzungen

$$|x_n - \bar{x}| \leq \frac{\alpha^n}{1-\alpha}|x_1 - x_0| \qquad \text{a-priori-Abschätzung}$$

$$|x_n - \bar{x}| \leq \frac{\alpha}{1-\alpha}|x_n - x_{n-1}| \qquad \text{a-posteriori-Abschätzung}$$

■

Bemerkungen:

- Ein Intervall $[a,b]$ zu finden, das unter F in sich abgebildet wird, gestaltet sich in der Praxis oft schwierig. Hat man ein solches gefunden, so ist der Satz allerdings recht nützlich, denn die Fehlerabschätzungen erlauben, die für eine bestimmte Genauigkeit erforderliche Anzahl an Iterationsschritten abzuschätzen. Wir werden diesen Satz im Zusammenhang mit der iterativen Lösung von linearen Gleichungssystemen noch einmal aufgreifen (s. (3.12), (3.13)).
- Wählt man das Intervall $[a,b]$ sehr nahe um einen anziehenden Fixpunkt $\bar{x}$, so ist $\alpha \approx |F'(\bar{x})|$. Daraus erkennt man, dass eine Fixpunktiteration umso schneller konvergiert, je kleiner $|F'(\bar{x})|$ ist.

Beispiel 2.6

Finden Sie ein Intervall $[a,b]$ und eine Konstante $\alpha < 1$, sodass die Voraussetzungen des Banachschen Fixpunktsatzes für die Fixpunktiteration aus Beispiel 2.4 erfüllt sind. Schätzen Sie mit der a-priori-Abschätzung ab, wie viele Iterationen ausreichen, um ausgehend von $x_0 = 0$ eine Näherung mit einem absoluten Fehler von max. 10^{-4} zu erhalten. Wenden Sie die a-posteriori-Abschätzung an, um den absoluten Fehler von x_9 abzuschätzen.

Lösung: Da wir aus Beispiel 2.4 und 2.5 schon wissen, dass die Fixpunktiteration $x_{n+1} = F(x_n) = x_n^3 + 0.3$ in der Nähe von $\bar{x}_2 = 0.3389\ldots$, gegen $\bar{x}_2$ konvergiert, suchen wir das Intervall $[a,b]$ in der Umgebung von $\bar{x}_2$. Wir versuchen es mit $[a,b] = [0,0.5]$: Für $x \in [0,0.5]$ gilt $F(x) = x^3 + 0.3 \geq 0.3$ und $F(x) \leq 0.5^3 + 0.3 = 0.425 \leq 0.5$, also $F: [0,0.5] \to [0,0.5]$. Weiter gilt für $x \in [0,0.5]$: $|F'(x)| = 3x^2 \leq 3 \cdot 0.5^2 = 0.75 < 1$. Mit der Abschätzung (1.2) sehen wir, dass die Kontraktionsbedingung mit $\alpha = 0.75$ erfüllt ist.

Die a-priori-Abschätzung lautet in diesem Fall

$$|x_n - \bar{x}| \leq \frac{\alpha^n}{1-\alpha}|x_1 - x_0| = \frac{0.75^n}{1-0.75}0.3 = 1.2 \cdot 0.75^n \overset{!}{\leq} 10^{-4} \iff n \geq 32.6\ldots$$

Also sind 33 Iterationen ausreichend, um die geforderte Genauigkeit zu erzielen.

Die a-posteriori-Abschätzung für $n = 9$ lautet

$$|x_9 - \bar{x}| \leq \frac{0.75}{1-0.75}|x_9 - x_8| = 3\,|x_9 - x_8| \leq 3.8 \cdot 10^{-5}$$

Man erkennt, dass nicht erst bei x_{33} die geforderte Genauigkeit erreicht ist, sondern schon wesentlich früher, nämlich bei x_9. Die a-priori-Abschätzung ist stets pessimistischer als die a-posteriori-Abschätzung. ■

Aufgabe

2.3 Bearbeiten Sie die Aufgabenstellung aus Beispiel 2.6 nochmal für den Fixpunkt $\bar{x}_2$ von $F(x) = \sqrt[3]{x - 0.3}$ und den Startwert $x_0 = 0.7$, siehe auch Aufgabe 2.2.

2.4 Welche der beiden Fixpunktiterationen $x_{n+1} = x_n^3 + 0.3$, $x_0 = 0$ und $x_{n+1} = \sqrt[3]{x - 0.3}$, $x_0 = 0.7$ wird nach Ihrer Erwartung schneller konvergieren und warum? Siehe auch Aufgaben 2.2 und 2.3.

2.4 Das Newton-Verfahren und seine Abkömmlinge

Gegeben sei eine differenzierbare Funktion f, gesucht ist eine Nullstelle von f, d. h. ein Schnittpunkt des Graphen von f mit der x-Achse. Ausgangspunkt ist eine Stelle x_0, die soweit es die Vorkenntnis erlaubt, in der Nähe der gesuchten Nullstelle liegt. Ein Grundprinzip vieler numerischer Verfahren für nichtlineare Probleme ist die sog. „Linearisierung“ von Funktionen. Dies bedeutet, dass die zu untersuchende Funktion durch eine lineare Funktion (plus eine additive Konstante) ersetzt wird, also durch eine Funktion, deren Graph eine Gerade ist. Für diese Ersatzfunktion lässt sich natürlich vieles einfacher rechnen, man löst das zugrunde liegende Problem also für die Ersatzfunktion und hofft, dass diese Lösung der Lösung der Problemstellung für die ursprüngliche Funktion nahe kommt. Häufig benutzt man auch mehrere Ersatzfunktionen dieses Typs, um die erzielten Näherungen noch zu verbessern.
Rechnerisch bedeutet die Linearisierung

$$f(x) \approx f(x_0) + f'(x_0)(x - x_0),$$

d. h., die Funktion f wird durch die Geradengleichung auf der rechten Seite angenähert. Bei dieser Gerade handelt es sich um die Tangente an den Graphen der Funktion im Punkt $(x_0, f(x_0))$. Wenn x nahe bei x_0 liegt, ist die Abweichung der Funktionen f von ihrer Tangente klein. Sie wird in der Regel umso größer, je weiter x von x_0 entfernt ist.
In unserer konkreten Problemstellung geht es darum, Nullstellen zu berechnen, was natürlich für Geraden sehr einfach ist. Wir hoffen also, dass die Nullstelle der Tangenten in der Nähe einer Nullstelle von f liegt. Zumindest sollte sie eine bessere Näherung an die Nullstelle als x_0 selbst darstellen. Die besagte Tangente hat, wie wir oben gesehen haben, die Gleichung

$$y = f'(x_0) \cdot x + f(x_0) - f'(x_0) \cdot x_0,$$

sodass sich der Schnittpunkt mit der x-Achse (also $y = 0$ setzen) ergibt als

$$x_1 = x_0 - \frac{f(x_0)}{f'(x_0)}.$$

Siehe Bild 2.2. Das geht natürlich nur, wenn $f'(x_0) \neq 0$ ist, d. h. wenn die Tangente nicht parallel zur x-Achse liegt. Die Stelle x_1 sollte dann eine bessere Näherung an die Nullstelle von f sein. Man kann nun wieder die Tangente in x berechnen und dazu wieder den Schnittpunkt mit der x-Achse usw., siehe Bild 2.3.

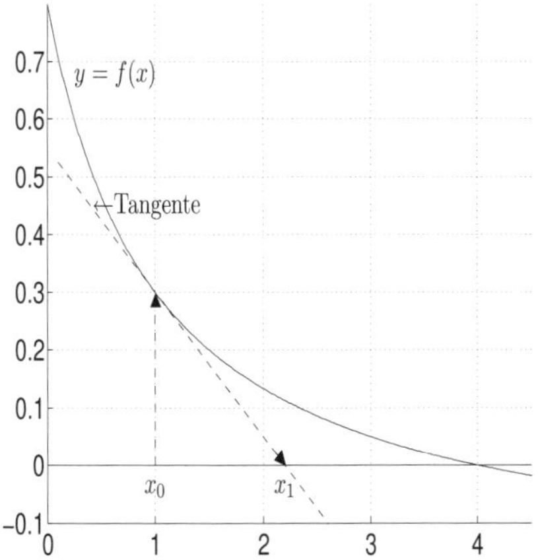

Bild 2.2

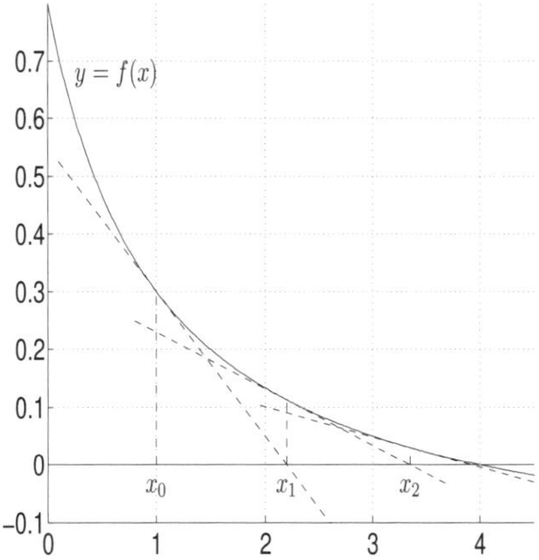

Bild 2.3

Dies führt auf die folgende Iteration:

Newton-Verfahren zur Berechnung von Nullstellen
Gesucht sei eine Näherung einer Nullstelle einer Funktion $f : \mathbf{R} \longrightarrow \mathbf{R}$. Die Newton-Iteration dazu lautet dann:

$$\text{Geg. Startwert } x_0\text{. Berechne } x_{n+1} = x_n - \frac{f(x_n)}{f'(x_n)}, \qquad n = 0, 1, \ldots$$

Den Startwert x_0 sollte man in der Nähe der Nullstelle wählen, um Aussicht auf eine schnelle Konvergenz zu haben.

Beispiel 2.7
Die Nullstelle von $f(x) = x^2 - 2$ soll näherungsweise mit dem Newton-Verfahren bestimmt werden.

Lösung: Die Iteration lautet

$$x_{n+1} = x_n - \frac{x_n^2 - 2}{2\,x_n} = \frac{1}{2}\,x_n + \frac{1}{x\,n}.$$

Gestartet mit $x_0 = 2$ erhalten wir die Näherungen

$$x_1 = 1.5,\ x_2 = 1.4167,\ x_3 = 1.41421569,\ x_4 = 1.414213562,$$

d. h., in 4 Schritten haben wir die Nullstelle schon bis auf 10 Stellen genau berechnet. Wie genau man an der Nullstelle dran ist, weiß man natürlich nur, wenn man sie schon kennt (und dann kann man sich natürlich jegliche Iteration sparen).

Analog kann man ein Iterationsverfahren zur Bestimmung von $\sqrt{a}$ formulieren, indem man das Newton-Verfahren auf $f(x) = x^2 - a$ anwendet. Diese Iteration wird als **Heron[1]-Verfahren** bezeichnet. ■

Um die Qualität der berechneten Näherungen beurteilen zu können, benötigen wir eine Abschätzung, die uns einen maximalen Abstand der Näherung $\tilde{x}$ zur Nullstelle angibt. Eine einfache Möglichkeit ist, die Funktion in der Nähe von $\tilde{x}$ auf einen Vorzeichenwechsel der Funktionswerte zu prüfen, und daraus auf den Abstand von $\tilde{x}$ zur Nullstelle rückzuschließen.

Beispiel 2.8
Es soll für $f(x) = x^2 - 2$ der Fehler der bei der Newton-Iteration erzeugten Werte abgeschätzt werden.

Lösung: Man überzeugt sich leicht davon, dass $f(x_3 - 10^{-5}) < 0$ und $f(x_3 + 10^{-5}) > 0$ gilt, sodass es nach dem Zwischenwertsatz eine Nullstelle $x \in [x_3 - 10^{-5}, x_3 + 10^{-5}]$ gibt, für die dann gilt $|x - x_3| \le 10^{-5}$. Zum Vergleich: Es gilt $|\sqrt{2} - x_3| \approx 2.1 \cdot 10^{-6}$. ■

Das Newton-Verfahren ist ein sehr beliebtes und sehr schnelles Verfahren; es hat aber den Nachteil, dass man in jedem Schritt eine Ableitung ausrechnen muss. Wenn man also Nullstellen einer Funktion sucht, deren Ableitung man nicht kennt, ist das Newton-Verfahren nicht anwendbar. Dann kann man zu verschiedenen Varianten greifen.
Statt in jedem Schritt $f'(x_n)$ auszurechnen, kann man immer wieder $f'(x_0)$ verwenden. Das damit entstandene Verfahren heißt **vereinfachtes Newton-Verfahren**.

Vereinfachtes Newton-Verfahren zur Berechnung von Nullstellen
Gesucht sei eine Näherung einer Nullstelle einer Funktion $f : \mathbb{R} \longrightarrow \mathbb{R}$. Die vereinfachte Newton-Iteration dazu lautet dann:

$$\text{Geg. Startwert } x_0. \text{ Berechne } x_{n+1} = x_n - \frac{f(x_n)}{f'(x_0)}, \quad n = 0, 1, \ldots$$

■

Man kann erwarten, dass es nicht so gut wie das Original-Newton-Verfahren ist, was praktisch bedeutet, dass die damit erzeugten Werte nicht so schnell gegen eine Nullstelle von f laufen werden.

Eine andere Variante ist, nicht den Schnittpunkt von Tangenten in $(x_0, f(x_0))$ mit der x-Achse zu suchen, sondern den Schnittpunkt von Sekanten durch jeweils zwei Punkte $(x_0, f(x_0))$ und $(x_1, f(x_1))$ mit der x-Achse. Die Steigung $f'(x_0)$ in der Formel

[1] Heron von Alexandria, ca. 130 n. Chr., Mathematiker und Ingenieur

wird dann ersetzt durch die Steigung der Sekanten und man erhält im ersten Schritt

$$x_2 = x_0 - \frac{f(x_0)}{\frac{f(x_1)-f(x_0)}{x_1-x_0}} = x_1 - \frac{x_1 - x_0}{f(x_1) - f(x_0)} \cdot f(x_1).$$

Dies kann wieder iteriert werden, indem man x_3 aus x_2 und x_1 berechnet usw., siehe Bild 2.4. Wir erhalten also:

Sekantenverfahren zur Berechnung von Nullstellen
Gesucht sei eine Näherung einer Nullstelle einer Funktion $f: \mathbf{R} \longrightarrow \mathbf{R}$. Das Sekantenverfahren dazu lautet dann:

Geg. Startwerte x_0, x_1. Berechne $x_{n+1} = x_n - \frac{x_n - x_{n-1}}{f(x_n) - f(x_{n-1})} \cdot f(x_n), \quad n = 1, 2, \ldots$

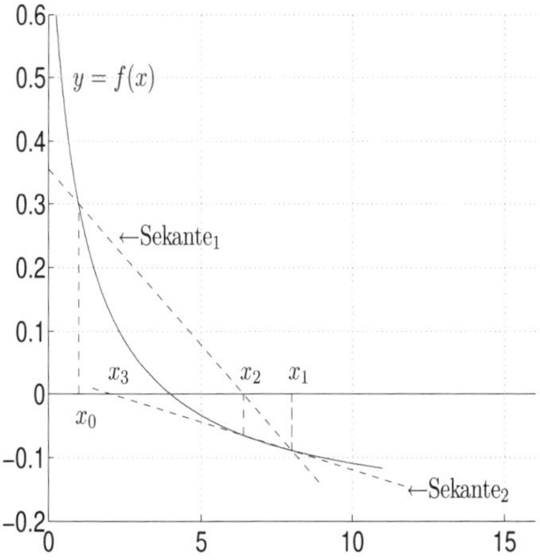

Bild 2.4

Das Sekantenverfahren hat gegenüber dem Newton-Verfahren den Vorteil, dass keine Ableitungen benötigt werden. Dafür braucht es zwei Startwerte, was aber keine wesentliche Einschränkung darstellt. In jedem Schritt wird eine Funktionsauswertung benötigt (nicht deren zwei, denn $f(x_{n-1})$ hat man schon im vorigen Schritt berechnet und sollte gespeichert werden). Auch wenn das Sekantenverfahren nicht so schnell wie das Newton-Verfahren konvergiert, ist es mit geringerem Aufwand durchzuführen und daher konkurrenzfähig.

Man kann auch das Sekantenverfahren mit Bisektion kombinieren, um zu erreichen, dass zwei aufeinanderfolgende Werte x_n und x_{n+1} stets eine Nullstelle einschließen. Diese Methode nennt man **regula falsi**. Für Genaueres dazu siehe z. B. [12], [5].

2.5 Konvergenzgeschwindigkeit

Zum Vergleich der Effektivität von Nullstellenverfahren untersucht man die Konvergenzgeschwindigkeit mithilfe der Konvergenzordnung.

Definition

Sei (x_n) eine Folge mit $\lim_{n\to\infty} x_n = \bar{x}$. Man sagt, das Verfahren hat die **Konvergenzordnung** $q \geq 1$, wenn es eine Konstante $c > 0$ gibt mit

$$|x_{n+1} - \bar{x}| \leq c \cdot |x_n - \bar{x}|^q \quad \text{für alle } n.$$

Falls $q = 1$, verlangt man zusätzlich noch $c < 1$. Im Fall $q = 1$ spricht man auch von linearer Konvergenz, im Fall $q = 2$ von quadratischer Konvergenz. ■

Sei (y_n) eine von einem quadratisch konvergenten Verfahren erzeugte Folge und (x_n) von einem linear konvergenten mit $\lim_{n\to\infty} x_n = \lim_{n\to\infty} y_n = \bar{x}$. Zur Vereinfachung nehmen wir an, dass beide Verfahren die gleiche Konstante c (s.o.) verwenden. Nehmen wir weiter an, wir haben ein x_n und ein y_n berechnet mit

$$|x_n - \bar{x}| \leq 0.1 \quad \text{und} \quad |y_n - \bar{x}| \leq 0.1.$$

Für den nächsten Schritt gilt dann:

$$|x_{n+1} - \bar{x}| \leq c \cdot 0.1 \quad \text{und} \quad |y_{n+1} - \bar{x}| \leq c \cdot 0.01.$$

Man sieht, dass alles darauf hindeutet, dass y_{n+1} deutlich näher an $\bar{x}$ liegt als x_{n+1}, also eine schneller konvergierende Folge erzeugt.
Für die hier vorgestellten Verfahren gilt:

Für einfache Nullstellen von f konvergiert das Newton-Verfahren quadratisch, das vereinfachte Newton-Verfahren linear, und für das Sekantenverfahren gilt

$$q = (1+\sqrt{5})/2 = 1.618\ldots.$$

■

Bemerkung:
Im Falle einer mehrfachen Nullstelle von f konvergiert das Newton-Verfahren nur noch linear. Man kann aber die quadratische Konvergenz des Newton-Verfahrens aufrecht erhalten, indem man die Iteration wie folgt modifiziert:

$$x_{n+1} = x_n - m\frac{f(x_n)}{f'(x_n)}$$

wobei $m \in \mathbb{N}$ die Vielfachheit der Nullstelle ist.

Aufgaben

2.5 Bestimmen Sie alle Lösungen der Gleichung $2\sin x = x$ bis auf einen nachgewiesenen absoluten Fehler von max. 10^{-3}.

2.6 Das Bauer-Ziege-Wiese-Problem: Ein Bauer besitzt eine kreisrunde Wiese vom Radius R. Am Rand dieser Wiese bindet er eine Ziege an mit einer Leine der Länge r, und zwar so, dass die Ziege genau die Hälfte der Wiese abgrasen kann (s. Bild 2.5). Wie groß ist r?

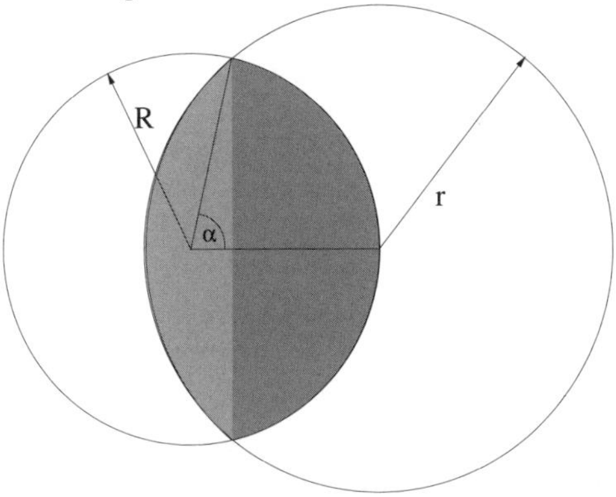

Bild 2.5

Mit dem Kosinussatz erhält man $r = R\sqrt{2(1-\cos\alpha)}$. Das Problem führt auf folgende Gleichung für den Winkel α (im Bogenmaß):

$$\frac{\pi}{2\cos\alpha} + \alpha - \pi - \tan\alpha = 0.$$

Offensichtlich kann diese Gleichung nicht durch geschicktes Umformen nach α aufgelöst werden. Die Hilfe numerischer Methoden ist daher nötig. Bestimmen Sie ein Intervall, in dem sich die gesuchte Lösung befindet und bestimmen Sie die Lösung mit einem Verfahren Ihrer Wahl bis auf einen gesicherten absoluten Fehler von 0.0001.

2.7 Wenden Sie das Newton-Verfahren, das vereinfachte Newton-Verfahren und das Sekantenverfahren zur näherungsweisen Bestimmung der Nullstelle von $f(x) = x^2 - 2$ an.

2.6 Das Horner-Schema – schnelle Auswertung von Polynomen

Bei der Beurteilung von Verfahren zur näherungsweisen Berechnung von Nullstellen ist nicht nur die Konvergenzgeschwindigkeit wichtig, sondern auch der nötige Aufwand. Wir haben dazu schon die Anzahl der Funktionsauswertungen pro Iterationsschritt betrachtet. Für Polynome gibt es einen Algorithmus, der eine schnelle Auswertung ermöglicht – das **Horner**[2]**-Schema**.

Die Idee wird deutlich, wenn wir ein Polynom in einer speziellen Darstellung schreiben:

$$p(x) = \sum_{i=0}^{3} a_i\, x^i = a_0 + x\,(a_1 + x\,(a_2 + a_3\, x))$$

Die Berechnung von $p(x)$ benötigt mit der rechten Seite nur 3 Multiplikationen (die Klammern werden von innen nach außen ausgewertet). Die herkömmliche Berechnung über die linke Seite erfordert 5 Multiplikationen (und auch nur, wenn man zur Berechnung von x^3 das schon berechnete x^2 benutzt). Dies führt auf den folgenden Algorithmus:

Algorithmus 2.1
Das Horner-Schema

Input: $p(x) = \sum_{i=0}^{n} a_i\, x^i$, $x_0 \in \mathbf{R}$

$b_{n-1} := a_n$
for $i = n-1, \ldots, 1$ **do**
    $b_{i-1} := a_i + x_0\, b_i$
end for
$p(x_0) := a_0 + b_0\, x_0$

Output: $p(x_0)$

Aufwand: Diese Berechnung erfordert n Multiplikationen. ■

Diesen Algorithmus kann man übersichtlich in ein Schema schreiben, so dass man ihn auch von Hand leicht durchführen kann.

	a_n	a_{n-1}	a_{n-2}	$\ldots$	a_1	a_0
	$\downarrow$	$+$	$+$	$\ldots$	$+$	$+$
x_0	$\downarrow$	$b_{n-1}\, x_0$	$b_{n-2}\, x_0$	$\ldots$	$b_1\, x_0$	$b_0\, x_0$
	$=$	$=$	$=$	$\ldots$	$=$	$=$
	$b_{n-1} \nearrow$	$b_{n-2} \nearrow$	$b_{n-3} \nearrow$	$\ldots$	$b_0 \nearrow$	$p(x_0)$

2 William George Horner, 1786-1837, engl. Mathematiker

Beispiel 2.9
Sei $p(x) = x^3 + 5x^2 + 2x + 7$. Zu berechnen sei $p(2)$, d. h. wir haben $x_0 = 2$.

Lösung: Die Anwendung des Horner-Schemas liefert:

	$a_3 = 1$	$a_2 = 5$	$a_1 = 2$	$a_0 = 7$
	$\downarrow$	$+$	$+$	$+$
$x_0 = 2$	$\downarrow$	$1 \cdot 2$	$7 \cdot 2$	$16 \cdot 2$
	$=$	$=$	$=$	$=$
	$b_2 = 1 \nearrow$	$b_1 = 7 \nearrow$	$b_0 = 16 \nearrow$	$39 = p(2)$

Wir haben dabei 3 Multiplikationen durchgeführt. ■

Das Horner-Schema erzeugt über die b_i ein Polynom $q(x) = \sum_{i=0}^{n-1} b_i x^i$ vom Grad $n-1$. Dieses erfüllt

$$p(x) = (x - x_0)\, q(x) + p(x_0).$$

Wir sehen, dass das Horner-Schema damit viel mehr kann als nur mit wenigen Multiplikationen $p(x_0)$ berechnen. Es führt nämlich gleichzeitig eine **Polynomdivision** durch:

$$\frac{p(x)}{x - x_0} = q(x) + \frac{p(x_0)}{x - x_0} = q(x), \text{ Rest } p(x_0).$$

Mit den Angaben aus Beispiel 2.9 haben wir also $q(x) = x^2 + 7x + 16$ und damit

$$p(x) = x^3 + 5x^2 + 2x + 7 = (x-2)\,(x^2 + 7x + 16) + 39.$$

Im Fall, dass x_0 eine Nullstelle von p ist, entspricht das der Abspaltung des Linearfaktors $x - x_0$. Man sieht auch leicht, dass $p'(x_0) = q(x_0)$ gilt, so dass man den für das Newton-Verfahren nötigen Wert $p'(x_0)$ mit einem zweiten Horner-Schema aus dem vorher berechneten Polynom q berechnen kann. Mehr dazu, wie Hintergründe und weitere Anwendungen des Horner-Schemas findet man in [9].

Wahr oder falsch?

2.8 Aus dem Zwischenwertsatz folgt: wenn eine Funktion f nirgendwo in $[a, b]$ einen Vorzeichenwechsel aufweist, so hat sie dort auch keine Nullstelle.

2.9 Wenn man eine Näherung $\tilde{x}$ mit einem sehr kleinen Funktionswert $f(\tilde{x})$ bestimmt hat, so kann man daraus schließen, dass man sich sehr nahe bei einer Nullstelle befindet.

2.10 Wenn man das Newton-Verfahren als Fixpunktiteration ansieht, müsste es eine sehr kleine Kontraktionszahl α haben, weil es ja für einfache Nullstellen so schnell konvergiert.

In diesem Kapitel haben wir

- Verfahren zur Berechnung von Nullstellen kennengelernt wie das Bisektionsverfahren und die Fixpunktiteration,
- die Idee des Newton-Verfahrens beleuchtet und daraus auch das vereinfachte Newton-Verfahren und das Sekantenverfahren hergeleitet,
- Konvergenzbedingungen für einige dieser Verfahren kennengelernt,
- erfahren, wie man die Konvergenzgeschwindigkeiten solcher Verfahren messen und vergleichen kann,
- das Horner-Schema als Algorithmus zur schnellen Auswertung von Polynomen kennengelernt.

■

3 Numerische Lösung linearer Gleichungssysteme

3.1 Problemstellung

Eine wichtige Teilaufgabe vieler praktischer Problemstellungen ist die Lösung eines linearen Gleichungssystems. In üblichen Anwendungen haben wir es mit einer relativ großen Anzahl von Gleichungen zu tun, nicht selten geht die Zahl in die tausende, und damit auch die Anzahl der Unbekannten (normalerweise muss die Anzahl der Gleichungen der Anzahl der Unbekannten entsprechen, damit eindeutige Lösbarkeit gegeben ist). Wir benötigen also ein numerisches Verfahren.

Wir wollen ein lineares Gleichungssystem mit n linearen Gleichungen in n Unbekannten lösen. Üblicherweise schreibt man ein solches System in der Form $\boldsymbol{A}\boldsymbol{x} = \boldsymbol{b}$, wobei $\boldsymbol{A} = (a_{ij})$ eine $n \times n$-Matrix ist, $\boldsymbol{b} \in \mathbb{R}^n$ ein bekannter Vektor („rechte Seite"), und $\boldsymbol{x} \in \mathbb{R}^n$ der Vektor mit den unbekannten Größen $x_1, \ldots, x_n$. Also ist zu lösen:

$$\begin{pmatrix} a_{11} & a_{12} & \cdots & a_{1n} \\ a_{21} & a_{22} & \cdots & a_{2n} \\ \vdots & \vdots & & \vdots \\ a_{n1} & a_{n2} & \cdots & a_{nn} \end{pmatrix} \cdot \begin{pmatrix} x_1 \\ x_2 \\ \vdots \\ x_n \end{pmatrix} = \begin{pmatrix} b_1 \\ b_2 \\ \vdots \\ b_n \end{pmatrix}$$

Bei der numerischen Lösung solcher Systeme unterscheidet man zwischen

- direkten Verfahren
  Das sind solche, die in endlich vielen Rechen-Schritten eine exakte Lösung des obigen Systems liefern (exakt natürlich nur, wenn man annimmt, dass auf dem Rechner alle Schritte exakt ausgeführt werden, was aber ja nicht der Fall ist) und
- iterativen Verfahren
  Das sind solche, die eine Folge von Vektoren erzeugen, die gegen die Lösung des obigen Systems konvergiert.

Wir wenden uns zunächst den direkten Verfahren zu. Diese basieren auf der Idee, dass man das obige System in ein leichter zu lösendes anderes System äquivalent umformt (d. h. ohne dass sich dabei die Lösungsmenge ändert).

3.2 Der Gauß-Algorithmus

Beispiel 3.1
Es soll folgendes System gelöst werden

$$\begin{pmatrix} 1 & 2 & -1 \\ 0 & -10 & 10 \\ 0 & 0 & -2 \end{pmatrix} \cdot \boldsymbol{x} = \begin{pmatrix} 9 \\ -40 \\ 2 \end{pmatrix}$$

Lösung: Aus der dritten Gleichung erhalten wir sofort: $x_3 = -1$. Setzt man dies in die zweite Gleichung ein, so lautet diese: $-10\,x_2 - 10 = -40$, d. h. $x_2 = 3$. Die bereits bekannten x_2 und x_3 in die erste Gleichung eingesetzt ergibt: $x_1 + 6 + 1 = 9$, also $x_1 = 2$. Der Lösungsvektor ist also $\boldsymbol{x} = (2,3,-1)^\top$. Da hier die Komponenten des Lösungsvektors von unten nach oben berechnet werden, nennt man dieses Verfahren auch „Rückwärtseinsetzen“. ■

Dieser Typ Gleichungssystem kann folgendermaßen beschrieben werden:

$$\begin{pmatrix} a_{11} & a_{12} & a_{13} & \cdots & a_{1n} \\ 0 & a_{22} & a_{23} & \cdots & a_{2n} \\ 0 & 0 & a_{33} & \cdots & a_{nn} \\ \vdots & \vdots & \ddots & & \vdots \\ 0 & 0 & \cdots & 0 & a_{nn} \end{pmatrix} \cdot \begin{pmatrix} x_1 \\ x_2 \\ x_3 \\ \vdots \\ x_n \end{pmatrix} = \begin{pmatrix} b_1 \\ b_2 \\ b_3 \\ \vdots \\ b_n \end{pmatrix}$$

Es gilt dabei also $a_{ij} = 0$ für alle $iei > j$. Aus offensichtlichen Gründen nennt man die Matrix $\boldsymbol{A}$ dann eine rechts-obere Dreiecksmatrix.

Die letzte Gleichung enthält nur eine Unbekannte, nämlich x_n, die letzte Komponente des Lösungsvektors. Die letzte Gleichung kann also einfach nach x_n aufgelöst werden: $x_n = b_n / a_{nn}$. Mit dem nun bekannten x_n gibt es in der vorletzten Gleichung nur noch eine Unbekannte x_{n-1}, nach der aufgelöst werden kann. Mit den bekannten Komponenten x_{n-1} und x_n geht man nun in die drittletzte Gleichung, bestimmt x_{n-2} usw., siehe Algorithmus 3.1.

Aufgaben

3.1 Welche Voraussetzungen müssen erfüllt sein, damit die Lösung eines rechts-oberen Dreieckssystems mit der obigen Methode berechnet werden kann?

3.2 Verifizieren Sie die Aufwandsangabe für Algorithmus 3.1.

Algorithmus 3.1
Lösung eines rechts-oberen Dreieckssystems („Rückwärtseinsetzen")

Input: A $n \times n$ rechts obere Dreiecksmatrix, $\boldsymbol{b} \in \mathbf{R}^n$

1: $x_n := \dfrac{b_n}{a_{nn}}$ {*letzte Gleichung direkt auflösen*}
2: **for** $i = n-1, \ldots, 1$ **do**
3: $\quad x_i := \dfrac{1}{a_{ii}}\left(b_i - \sum\limits_{j=i+1}^{n} a_{ij}x_j\right)$
4: **end for**

Output: $\boldsymbol{x} \in R^n$ mit $\boldsymbol{A}\boldsymbol{x} = \boldsymbol{b}$

Der Aufwand dieser Methode beträgt $\dfrac{n(n+1)}{2}$ Punktoperationen.

■

In analoger Weise kann man links-untere Dreiecksmatrizen und -systeme definieren und zur Lösung die Methode des „Vorwärtseinsetzen" verwenden.

Was nützt das nun für die Lösung von Systemen $\boldsymbol{A}\boldsymbol{x} = \boldsymbol{b}$, bei denen $\boldsymbol{A}$ keine Dreiecksmatrix ist? Ganz einfach: In diesem Fall versucht man, das System ohne Veränderung der Lösungsmenge in ein rechts-oberes Dreieckssystem zu überführen. Das ist die Idee des **Gauß-Algorithmus**.

Wir werden von nun an von „Zeilen des Systems" sprechen (aus Gründen, die später klar werden) und meinen damit die Gleichungen des Systems. Die i-te Zeile ist also die i-te Gleichung.

Beim **Gauß-Algorithmus** sind nur folgende **Umformungen zugelassen**:

- $z_j := z_j - \lambda \cdot z_i$ mit $i < j$, $\lambda \in \mathbf{R}$, wobei z_i die i-te Zeile des Systems bezeichnet
- $z_i \longleftrightarrow z_j$: Vertauschen der i-ten und j-ten Zeile im System

■

Es sind also nur Zeilenvertauschungen erlaubt sowie die Subtraktion des λ-fachen einer Zeile von einer darunter stehenden Zeile. Mit diesen beiden Operationen kann jede Matrix $\boldsymbol{A}$ in eine rechts-obere Dreiecksmatrix überführt werden (natürlich müssen zur Lösung von $\boldsymbol{A}\boldsymbol{x} = \boldsymbol{b}$ die Umformungen auch auf die rechte Seite $\boldsymbol{b}$ angewandt werden). Damit das Verfahren programmiert werden kann, ist eine präzise Formulierung nötig, die eindeutig festlegt, welche Operation wann vorgenommen wird. Man geht dabei wie folgt vor:

Zuerst erzeugt man Nullen in der ersten Spalte, unterhalb von a_{11}, unter Verwendung der ersten Zeile und der ersten der beiden oben aufgeführten Umformungen. Also:

- $z_j := z_j - \dfrac{a_{j1}}{a_{11}} \cdot z_1$ für $j = 2 \ldots n$

Dies geht immer dann, wenn $a_{11} \neq 0$ gilt. Ist $a_{11} = 0$, so vertauschen wir die erste Zeile mit der i-ten Zeile, wobei i so gewählt ist, dass $a_{i1} \neq 0$ ist. Das „neue" a_{11} ist dann das „alte" a_{i1} und die obige Umformung kann ausgeführt werden. In dem Fall, dass alle Zeilen der Matrix in der ersten Spalte eine Null besitzen, hilft natürlich auch das Vertauschen nichts. In diesem Fall ist die Matrix aber nicht regulär, d. h. das Gleichungssystem ist nicht eindeutig lösbar oder sogar unlösbar. Die Lösungsmenge kann leer sein, oder auch unendlich viele Elemente enthalten.

Hat man in der ersten Spalte unterhalb der Diagonalen nun Nullen erzeugt, so geht man analog vor, um in der zweiten Spalte unterhalb der Diagonalen Nullen zu erzeugen. Zum Eliminieren der Elemente wird dabei die zweite Zeile benutzt. Setzt man das Verfahren fort, so erhält man schließlich eine rechts-obere Dreiecksmatrix.
In Algorithmus 3.2 sind die Schritte nochmal formal aufgeführt.

Beispiel 3.2
Das Gleichungssystem

$$\boldsymbol{Ax} = \boldsymbol{b} \qquad \text{mit} \quad \boldsymbol{A} := \begin{pmatrix} 1 & 2 & -1 \\ 4 & -2 & 6 \\ 3 & 1 & 0 \end{pmatrix}, \quad \boldsymbol{b} = \begin{pmatrix} 9 \\ -4 \\ 9 \end{pmatrix}$$

soll mit dem Gauß-Algorithmus auf rechts-obere Dreiecksform transformiert werden und anschließend das entstandene Dreieckssystem gelöst werden.

Lösung: Der Übersicht halber schreibt man die Matrix und die rechte Seite zusammen in ein Schema:

$$(\boldsymbol{A} \,|\, \boldsymbol{b}) = \begin{pmatrix} 1 & 2 & -1 & | & 9 \\ 4 & -2 & 6 & | & -4 \\ 3 & 1 & 0 & | & 9 \end{pmatrix} \xrightarrow{z_2 := z_2 - 4z_1} \begin{pmatrix} 1 & 2 & -1 & | & 9 \\ 0 & -10 & 10 & | & -40 \\ 3 & 1 & 0 & | & 9 \end{pmatrix}$$

$$\xrightarrow{z_3 := z_3 - 3z_1} \begin{pmatrix} 1 & 2 & -1 & | & 9 \\ 0 & -10 & 10 & | & -40 \\ 0 & -5 & 3 & | & -18 \end{pmatrix} \xrightarrow{z_3 := z_3 - 0.5z_2} \begin{pmatrix} 1 & 2 & -1 & | & 9 \\ 0 & -10 & 10 & | & -40 \\ 0 & 0 & -2 & | & 2 \end{pmatrix}$$

Das entstandene Dreieckssystem haben wir schon in Beispiel 3.1 gelöst und dabei $x = (2, 3, -1)^\top$ erhalten. ∎

Hat man $\boldsymbol{Ax} = \boldsymbol{b}$ schon einmal mit dem Gauß-Algorithmus gelöst, und soll nun das System noch einmal mit einer anderen rechten Seite $\boldsymbol{c}$ lösen, so führt man natürlich nicht noch einmal den Gauß-Algorithmus für das ganze System durch, sondern wendet die bereits bekannten Operationen nur noch auf die neue rechte Seite $\boldsymbol{c}$ an.

Algorithmus 3.2
Gauß-Algorithmus zur Transformation von $Ax = b$ auf ein rechts-oberes Dreieckssystem

---

Input: A $n \times n$ Matrix, $b \in \mathbb{R}^n$

for $i = 1, \ldots, n-1$ **do**
  {*erzeuge Nullen unterhalb des Diagonalelements in der i-ten Spalte*}
  {*falls nötig und möglich, sorge zuerst durch Zeilenvertauschung für* $a_{ii} \neq 0$}
  if $a_{ii} \neq 0$ **then**
    {*tue nichts*}
  else
    {*Fall:* $a_{ii} = 0$}
    if $a_{ji} = 0$ für alle $j = i+1, \ldots, n$ **then**
      A ist nicht regulär. Abbruch
    else
      {*Fall:* $a_{ji} \neq 0$ *für ein* $j = i+1, \ldots, n$}
      sei $j \geq i+1$ der kleinste Index mit $a_{ji} \neq 0$;
      $z_i \longleftrightarrow z_j$ {*Vertausche Zeilen* i *und* j}
    end if
  end if
  {Nun ist $a_{ii} \neq 0$ und der Eliminationsschritt folgt}
  for $j = i+1, \ldots, n$ **do**
    $z_j := z_j - \frac{a_{ji}}{a_{ii}} \cdot z_i$ {*eliminiere Element* a_{ji}}
  end for
end for
$R := A$, $c := b$

Output: R $n \times n$ rechts-oberes Dreiecksmatrix, $c \in \mathbb{R}^n$ mit
$Rx = c \iff Ax = b$, falls A regulär ist

Der Algorithmus prüft gleichzeitig, ob A regulär ist. ■

Beispiel 3.3
Es soll das Gleichungssystem $Ax = c$ mit der Matrix A aus Beispiel 3.2 und $c = (0, -10, -9)^\top$ gelöst werden.

Lösung: Die nötigen Umformungen sind bereits aus Beispiel 3.2 bekannt, wir lesen sie dort ab und wenden sie auf c an:

$$\boldsymbol{c} = \begin{pmatrix} 0 \\ -10 \\ -9 \end{pmatrix} \xrightarrow{z_2:=z_2-4z_1} \begin{pmatrix} 0 \\ -10 \\ -9 \end{pmatrix} \xrightarrow{z_3:=z_3-3z_1} \begin{pmatrix} 0 \\ -10 \\ -9 \end{pmatrix} \xrightarrow{z_3:=z_3-0.5z_2} \begin{pmatrix} 0 \\ -10 \\ -4 \end{pmatrix}$$

Als Lösung erhält man analog zu Beispiel 3.2 $\boldsymbol{x} = (-4, 3, 2)^\top$. ■

Bemerkung:
Sei $\boldsymbol{A}$ eine $n \times n$-Matrix, für die der Gauß-Algorithmus durchführbar ist. Am Ende erhält man also eine rechts-obere Dreiecksmatrix $\boldsymbol{R}$. Der dazu nötige Aufwand beträgt $\frac{n^3}{3} - \frac{n}{3}$ Punktoperationen..

Hat man eine $n \times n$-Matrix $\boldsymbol{A}$ in eine rechts-obere Dreiecksmatrix $\boldsymbol{R}$ überführt, so lässt sich die Determinante leicht berechnen.

Berechnung der Determinante
Wenn $\boldsymbol{A}$ in eine rechts-obere Dreiecksmatrix $\boldsymbol{R}$ überführt wurde, so gilt

$$\det \boldsymbol{A} = (-1)^l \det \boldsymbol{R} = (-1)^l \prod_{i=1}^{n} r_{ii},$$

wobei $\boldsymbol{R} = (r_{ij})$ und l die Anzahl der im Laufe des Gauß-Algorithmus vorgenommenen Zeilenvertauschungen ist. ■

Diese Methode der Determinantenbestimmung ist anderen Methoden vorzuziehen. In Anwendungen sind nur sehr selten wirklich Determinanten zu berechnen; in diesen wenigen Fällen sollte man sie mit dem Gauß-Algorithmus berechnen.

Beispiel 3.4
Berechnen Sie für die Matrix $\boldsymbol{A}$ aus Beispiel 3.2 die Determinante.

Lösung: In Beispiel 3.2 ist $\boldsymbol{A}$ bereits auf rechts-obere-Dreiecksform transformiert worden. Da keine Zeilenvertauschungen vorgenommen wurden, gilt

$$\det \boldsymbol{A} = 1 \cdot (-10) \cdot (-2) = 20.$$ ■

Aufgaben

3.3 Wie viele Punktoperationen benötigt die Transformation auf rechtsobere Dreiecksform in Beispiel 3.2? Wie viele Punktoperationen benötigt insgesamt die Berechnung von $\det \boldsymbol{A}$? Wie viele Punktoperationen hätte die Berechnung von $\det \boldsymbol{A}$ mit der Sarrusschen Regel benötigt?

3.4 Verifizieren Sie die schon erwähnte Anzahl von $\frac{1}{3}(n^3 - n)$ benötigten Punktoperationen für die Transformation einer allgemeinen regulären $n \times n$-Matrix auf rechts-obere Dreiecksform mittels Gauß-Algorithmus. Dabei darf angenommen werden, dass der Gauß-Algorithmus durchführbar ist. Wie viele Punktoperationen benötigt folglich insgesamt die Berechnung von $\det \boldsymbol{A}$? Wie viele

Punktoperationen würde die Berechnung von det $\boldsymbol{A}$ mit dem Determinantenentwicklungssatz benötigen?

3.5 Bestimmen Sie mit dem Gauß-Algorithmus die Lösungen der folgenden linearen Gleichungssysteme sowie die Determinanten der Matrizen:

$$\boldsymbol{A}_1\boldsymbol{x} = \begin{pmatrix} 4 & -1 & -5 \\ -12 & 4 & 17 \\ 32 & -10 & -41 \end{pmatrix} \cdot \boldsymbol{x} = \begin{pmatrix} -5 \\ 19 \\ -39 \end{pmatrix} \text{ bzw.} = \begin{pmatrix} 6 \\ -12 \\ 48 \end{pmatrix}$$

$$\boldsymbol{A}_2\boldsymbol{x} = \begin{pmatrix} 2 & 7 & 3 \\ -4 & -10 & 0 \\ 12 & 34 & 9 \end{pmatrix} \cdot \boldsymbol{x} = \begin{pmatrix} 25 \\ -24 \\ 107 \end{pmatrix} \text{ bzw.} = \begin{pmatrix} 5 \\ -22 \\ 42 \end{pmatrix}$$

$$\boldsymbol{A}_3\boldsymbol{x} = \begin{pmatrix} -2 & 5 & 4 \\ -14 & 38 & 22 \\ 6 & -9 & -27 \end{pmatrix} \cdot \boldsymbol{x} = \begin{pmatrix} 1 \\ 40 \\ 75 \end{pmatrix} \text{ bzw.} = \begin{pmatrix} 16 \\ 82 \\ -120 \end{pmatrix}$$

$$\boldsymbol{A}_4\boldsymbol{x} = \begin{pmatrix} 2 & -2 & -4 \\ -10 & 12 & 17 \\ 14 & -20 & -14 \end{pmatrix} \cdot \boldsymbol{x} = \begin{pmatrix} 4 \\ -1 \\ -44 \end{pmatrix} \text{ bzw.} = \begin{pmatrix} 30 \\ -125 \\ 100 \end{pmatrix}$$

3.3 Fehlerfortpflanzung beim Gauß-Algorithmus und Pivotisierung

In der obigen Beschreibung des Gauß-Algorithmus haben wir Zeilenvertauschungen nur zugelassen, wenn ein Diagonalelement im Laufe des Algorithmus Null wird. In diesem Falle wäre ohne Zeilenvertauschungen der Eliminationsschritt (18) nicht durchführbar. Wir wollen nun untersuchen, wie sich Fehler in den Matrixelementen und den Elementen der rechten Seite des Gleichungssystems fortpflanzen. Zur Erinnerung: Diese Fehler entstehen in der Praxis unvermeidlich, z. B. durch Gleitpunktoperationen. Unser Ziel kann daher nur sein, durch entsprechende Gestaltung der Algorithmen dafür zu sorgen, dass diese Eingangsfehler sich im Laufe der Rechnung nicht unnötig verstärken. Im Eliminationsschritt (18) werden die Matrix- und Vektorelemente mit $\lambda = \frac{a_{ji}}{a_{ii}}$ multipliziert. Aus Kapitel 1 wissen wir, dass sich damit der absolute Fehler um den Faktor $|\lambda|$ vergrößert. Wünschenswert wäre es daher, wenn $|\lambda| \leq 1$ wäre, also wenn $|a_{ji}| \leq |a_{ii}|$ wäre. Dies kann auf einfachem Wege durch eine Zeilenvertauschung vor dem Eliminationsschritt erreicht werden, die dafür sorgt, dass das neue Diagonalelement das betragsgrößte in der aktuellen Spalte unterhalb der Diagonalen wird. Dieses Vorgehen nennt man **Spaltenpivotisierung**. Verglichen mit

Algorithmus 3.2 müssen nur die dortigen Zeilen 3-15 entsprechend modifiziert werden. Die neuen Schritte sind die Zeilen 3-10, und wir erhalten dann Algorithmus 3.3.

Algorithmus 3.3
Gauß-Algorithmus mit Spaltenpivotisierung zur Transformation von $Ax = b$ auf ein rechts-oberes Dreieckssystem

---

Input: A $n \times n$ Matrix, $b \in \mathbb{R}^n$
1: **for** $i = 1, \ldots, n-1$ **do**
2: *{erzeuge Nullen unterhalb des Diagonalelements in der i-ten Spalte}*
3: *{Suche das betragsgrößte Element unterhalb der Diagonalen in der i-ten Spalte:}*
4: Wähle k so, dass $|a_{ki}| = \max\{|a_{ji}| \mid j = i, \ldots, n\}$
5: **if** $a_{ki} = 0$ **then**
6: A ist nicht regulär, Abbruch
7: **else**
8: *{Fall: $a_{ki} \neq 0$}*
9: $z_k \longleftrightarrow z_j$ *{Vertausche Zeilen k und j}*
10: **end if**
11: {Nun ist $a_{ii} \neq 0$ und der Eliminationsschritt folgt}
12: **for** $j = i+1, \ldots, n$ **do**
13: $z_j := z_j - \frac{a_{ji}}{a_{ii}} \cdot z_i$ *{eliminiere Element a_{ji}}*
14: **end for**
15: **end for**
16: $R := A$, $c := b$
Output: R $n \times n$ rechts-oberes Dreiecksmatrix, $c \in \mathbb{R}^n$ mit $Rx = c \iff Ax = b$, falls A regulär ist

---

Der Algorithmus prüft gleichzeitig, ob A regulär ist. ■

Beispiel 3.5
Die Matrix A aus Beispiel 3.2 soll mittels Gauß-Algorithmus mit Spaltenpivotisierung auf rechts-obere Dreiecksform transformiert werden.

Lösung:

$$A := \begin{pmatrix} 1 & 2 & -1 \\ 4 & -2 & 6 \\ 3 & 1 & 0 \end{pmatrix} \xrightarrow{z_1 \longleftrightarrow z_2} \begin{pmatrix} 4 & -2 & 6 \\ 1 & 2 & -1 \\ 3 & 1 & 0 \end{pmatrix} \xrightarrow{z_2 := z_2 - 0.25\, z_1} \begin{pmatrix} 4 & -2 & 6 \\ 0 & 2.5 & -2.5 \\ 3 & 1 & 0 \end{pmatrix}$$

$$\xrightarrow{z_3:=z_3-0.75\,z_1}\begin{pmatrix}4 & -2 & 6\\ 0 & 2.5 & -2.5\\ 0 & 2.5 & -4.5\end{pmatrix}\xrightarrow{z_3:=z_3-z_2}\begin{pmatrix}4 & -2 & 6\\ 0 & 2.5 & -2.5\\ 0 & 0 & -2\end{pmatrix}$$

Im ersten Schritt haben wir eine Zeilenvertauschung vorgenommen. Alle λ's sind nun betragsmäßig kleiner als 1, im Unterschied zu Beispiel 3.2. ∎

Das folgende Beispiel zeigt die verbesserte numerische Stabilität gegenüber Rundungsfehlern durch die Spaltenpivotisierung im Gauß-Algorithmus.

Beispiel 3.6
Das System $\boldsymbol{A}\boldsymbol{x}=\boldsymbol{b}$ mit

$$\boldsymbol{A}=\begin{pmatrix}-10^{-4} & 1\\ 2 & 1\end{pmatrix},\qquad \boldsymbol{b}=\begin{pmatrix}1\\ 0\end{pmatrix}$$

soll in 4-stelliger Gleitpunktarithmetik mit dem Gauß-Algorithmus gelöst werden, und zwar einmal mit und einmal ohne Spaltenpivotisierung.

Lösung: Ohne Pivotisierung erhält man bei 4-stelliger Rechnung

$$(\boldsymbol{A}\,|\,\boldsymbol{b})=\left(\begin{array}{cc|c}-10^{-4} & 1 & 1\\ 2 & 1 & 0\end{array}\right)\xrightarrow{z_2:=z_2+20000\,z_1}\left(\begin{array}{cc|c}-10^{-4} & 1 & 1\\ 0 & 20000 & 20000\end{array}\right).$$

Man beachte, dass $20000+1$ bei 4-stelliger Rechnung 20000 ergibt. Als Lösung erhalten wir $\boldsymbol{x}=(0,1)^{\top}$.
Mit Pivotisierung erhält man bei 4-stelliger Rechnung

$$\left(\begin{array}{cc|c}-10^{-4} & 1 & 1\\ 2 & 1 & 0\end{array}\right)\xrightarrow{z_1\longleftrightarrow z_2}\left(\begin{array}{cc|c}2 & 1 & 0\\ -10^{-4} & 1 & 1\end{array}\right)\xrightarrow{z_2:=z_2+5\cdot 10^{-5}z_1}\left(\begin{array}{cc|c}2 & 1 & 0\\ 0 & 1 & 1\end{array}\right)$$

Diesmal erhält man als Lösung $\boldsymbol{x}=(-0.5,1)^{\top}$.
Die exakte Lösung ist $\boldsymbol{x}=(-0.499975\ldots,0.99995\ldots)^{\top}$, d. h. das mit Spaltenpivotisierung erhaltene Ergebnis ist so exakt wie es bei 4-stelliger Rechnung nur sein kann.
Man erkennt deutlich die Auswirkung der unterschiedlichen Werte von λ: Ohne Pivotisierung musste $\lambda=20000$ verwendet werden, mit Pivotisierung $\lambda=5\cdot 10^{-5}$. ∎

3.4 Dreieckszerlegungen von Matrizen

3.4.1 Die LR-Zerlegung

Wir haben in 3.2 den Gauß-Algorithmus über Zeilenumformungen eingeführt. In diesem Abschnitt wollen wir damit eine sog. Dreieckszerlegung einer Matrix herleiten, für den Fall, dass der Gauß-Algorithmus ohne Zeilenvertauschungen durchgeführt wird. Letzteres setzen wir daher in diesem Abschnitt voraus.

Der eigentliche Eliminationsschritt

$$z_j := z_j - \frac{a_{ji}}{a_{ii}} \cdot z_i \quad \text{für } j = 2, \ldots, n$$

lässt sich durch eine Multiplikation von $\boldsymbol{A}$ von links mit einer Matrix $\boldsymbol{M_1}$ beschreiben.

Beispiel 3.7

Finden Sie eine 3×3 links-untere Dreiecksmatrix $\boldsymbol{L_1}$, sodass $\boldsymbol{L_1} \cdot \boldsymbol{A}$ die Matrix ist, die nach dem ersten Eliminationsschritt im Beispiel 3.2 entsteht. Finden Sie analog Matrizen $\boldsymbol{L_2}$ und $\boldsymbol{L_3}$ für den zweiten und dritten Eliminationsschritt. Berechnen Sie $\boldsymbol{L_4} := \boldsymbol{L_3} \cdot \boldsymbol{L_2} \cdot \boldsymbol{L_1}$ und damit $\boldsymbol{L_4} \cdot \boldsymbol{A}$.

Lösung:

$$\boldsymbol{L}_1 = \begin{pmatrix} 1 & 0 & 0 \\ -4 & 1 & 0 \\ 0 & 0 & 1 \end{pmatrix}, \quad \boldsymbol{L}_2 = \begin{pmatrix} 1 & 0 & 0 \\ 0 & 1 & 0 \\ -3 & 0 & 1 \end{pmatrix}, \quad \boldsymbol{L}_3 = \begin{pmatrix} 1 & 0 & 0 \\ 0 & 1 & 0 \\ 0 & -0.5 & 1 \end{pmatrix},$$

$$\boldsymbol{L}_4 := \boldsymbol{L}_3 \boldsymbol{L}_2 \boldsymbol{L}_1 = \begin{pmatrix} 1 & 0 & 0 \\ -4 & 1 & 0 \\ -1 & -0.5 & 1 \end{pmatrix}, \quad \boldsymbol{L}_4 \cdot \boldsymbol{A} = \boldsymbol{R} = \begin{pmatrix} 1 & 2 & -1 \\ 0 & -10 & 10 \\ 0 & 0 & -2 \end{pmatrix}$$

■

Beispiel 3.8

Finden Sie, ausgehend vom Ergebnis aus Beispiel 3.7, eine links-untere Dreiecksmatrix $\boldsymbol{L}$ und eine rechts-obere Dreiecksmatrix $\boldsymbol{R}$, sodass $\boldsymbol{A} = \boldsymbol{L}\boldsymbol{R}$. Hinweis: Benutzen Sie die Überlegung, dass die $\boldsymbol{L}_i$ regulär sind und ihre Inverse auch wieder links-obere Dreiecksmatrizen sind.

Lösung: Wir haben in Beispiel 3.7 $\boldsymbol{R}$ schon ausgerechnet. Aus $\boldsymbol{L}_4\boldsymbol{A} = \boldsymbol{R}$ erhalten wir sofort $\boldsymbol{A} = \boldsymbol{L}_4^{-1}\boldsymbol{R}$, wobei $\boldsymbol{L}_4^{-1} = \boldsymbol{L}_1^{-1}\boldsymbol{L}_2^{-1}\boldsymbol{L}_3^{-1}$. Dabei lassen sich die Matrizen $\boldsymbol{L}_i^{-1}$, $i = 1, 2, 3$ ganz einfach durch Wechseln der Vorzeichen der Unterdiagonalelemente von $\boldsymbol{L}_i$ berechnen. Insbesondere ist auch $\boldsymbol{L}_4^{-1}$ wieder eine links-untere Dreiecksmatrix. Mit $\boldsymbol{L} := \boldsymbol{L}_4^{-1}$ erhalten wir insgesamt:

$$\boldsymbol{L} = \begin{pmatrix} 1 & 0 & 0 \\ 4 & 1 & 0 \\ 3 & 0.5 & 1 \end{pmatrix}, \quad \boldsymbol{R} = \begin{pmatrix} 1 & 2 & -1 \\ 0 & -10 & 10 \\ 0 & 0 & -2 \end{pmatrix} \quad \Longrightarrow \quad \boldsymbol{L}\boldsymbol{R} = \boldsymbol{A}$$

■

Die LR-Zerlegung

Zu jeder regulären $n \times n$-Matrix $\boldsymbol{A}$, für die der Gauß-Algorithmus ohne Zeilenvertauschungen durchführbar ist, gibt es $n \times n$-Matrizen $\boldsymbol{L}$ und $\boldsymbol{R}$ mit den folgenden Eigenschaften:

- $\boldsymbol{L}$ ist eine links-untere Dreiecksmatrix mit $l_{ii} = 1$ für $i = 1, \ldots, n$
- $\boldsymbol{R}$ ist eine rechts-obere Dreiecksmatrix mit $r_{ii} \neq 0$ für $i = 1, \ldots, n$
- $\boldsymbol{A} = \boldsymbol{L} \cdot \boldsymbol{R}$ ist die **LR-Zerlegung von** $\boldsymbol{A}$.

■

Aufwand: Die Berechnung der LR-Zerlegung mit dem Gauß-Algorithmus benötigt $\frac{1}{3}(n^3 - n)$ Punktoperationen.
Das Lösen des linearen Gleichungssystems $\boldsymbol{A}\boldsymbol{x} = \boldsymbol{b}$ ist damit zurückgeführt auf das Berechnen einer LR-Zerlegung (mittels Gauß-Algorithmus) und das Lösen zweier Dreieckssysteme.

Gegeben $\boldsymbol{A} = \boldsymbol{L}\boldsymbol{R}$. Dann gilt

$$\boldsymbol{A}\boldsymbol{x} = \boldsymbol{b} \iff \boldsymbol{L}\boldsymbol{y} = \boldsymbol{b} \quad \text{und} \quad \boldsymbol{R}\boldsymbol{x} = \boldsymbol{y}.$$

■

Die LR-Zerlegung einer Matrix $\boldsymbol{A}$ ermöglicht also eine schnelle Lösung von Gleichungssystemen $\boldsymbol{A}\boldsymbol{x} = \boldsymbol{b}$: Man löst zuerst das Dreieckssystem $\boldsymbol{L}\boldsymbol{y} = \boldsymbol{b}$ nach y auf (durch Vorwärtseinsetzen) und dann das Dreieckssystem $\boldsymbol{R}\boldsymbol{x} = \boldsymbol{y}$ (durch Rückwärtseinsetzen).

Bemerkungen:

- Eine Lösung von $\boldsymbol{A}\boldsymbol{x} = \boldsymbol{b}$ durch Benutzung der Inversen $\boldsymbol{A}^{-1}$ ist indiskutabel. In Anwendungen muss praktisch nur sehr selten die Inverse berechnet werden. Sollte in einer Formel wirklich einmal der Vektor $\boldsymbol{A}^{-1}\boldsymbol{b}$ auftauchen, so ist nicht die Inverse zu berechnen und mit $\boldsymbol{b}$ zu multiplizieren, sondern es handelt sich schlicht um den Lösungsvektor des Gleichungssystems $\boldsymbol{A}\boldsymbol{x} = \boldsymbol{b}$. Die Berechnung der Matrix $\boldsymbol{A}^{-1}$ würde aber das Lösen von n linearen Gleichungssystemen erfordern, was erheblich aufwendiger wäre.
- Der Gauß-Algorithmus mit Spaltenpivotisierung führt zwar auch auf eine rechts-obere Dreiecksmatrix $\boldsymbol{R}$, jedoch nicht auf eine LR-Zerlegung, da die Zeilenvertauschungen die Dreiecksstruktur von $\boldsymbol{L}$ zerstören. Man findet stattdessen eine Zerlegung $\boldsymbol{P}\boldsymbol{A} = \boldsymbol{L}\boldsymbol{R}$, wobei $\boldsymbol{P}$ eine $n \times n$-Matrix ist, die die vorgenommenen Zeilenvertauschungen repräsentiert („Permutationsmatrix“). Entsprechend findet man eine Lösung von $\boldsymbol{A}\boldsymbol{x} = \boldsymbol{b}$, indem man zuerst $\boldsymbol{L}\boldsymbol{y} = \boldsymbol{P}\boldsymbol{b}$ und anschließend $\boldsymbol{R}\boldsymbol{x} = \boldsymbol{y}$ löst. (Die Permutationsmatrizen $\boldsymbol{P}$ sind stets regulär und es gilt $\boldsymbol{P} = \boldsymbol{P}^{-1}$.)

Aufgaben

3.6 Weisen Sie nach, dass das oben geschilderte Lösen zweier Dreiecksysteme eine Lösung des Gleichungssystems $\boldsymbol{A}\boldsymbol{x} = \boldsymbol{b}$ liefert.

3.7 Berechnen Sie die LR-Zerlegung für die Matrizen aus Aufgabe 3.5.

3.8 Verifizieren Sie den oben angegebenen Rechenaufwand für die LR-Zerlegung einer Matrix $\boldsymbol{A}$. Hinweis: Aufgabe 3.4

3.9 Wie viele Punktoperationen benötigt man insgesamt zur Lösung eines Gleichungssystems $\boldsymbol{A}\boldsymbol{x} = \boldsymbol{b}$ mittels LR-Zerlegung? Hinweis: Algorithmus 3.1, Aufgabe 3.4.

3.4.2 Die Cholesky-Zerlegung

In manchen Fällen gibt es spezielle Dreieckszerlegungen, die sich mit weniger Aufwand berechnen lassen als die LR-Zerlegung.

Definition

Sei $\boldsymbol{A}$ eine symmetrische $n \times n$-Matrix. $\boldsymbol{A}$ heißt **positiv definit**, wenn für alle $\boldsymbol{x} \in \mathbf{R}^n$, $\boldsymbol{x} \neq \boldsymbol{o}$ gilt: $\boldsymbol{x}^{\mathrm{T}} \boldsymbol{A} \boldsymbol{x} > 0$.

■

Diese Bedingung ist oft in Anwendungen erfüllt. Auf die Bedeutung dieser Bedingung wollen wir hier nicht weiter eingehen (siehe z. B. [10]). Der gleich folgende Algorithmus hat den Vorteil, dass er auch gleich feststellt, ob die Matrix positiv definit ist.

Cholesky-Zerlegung

Sei $\boldsymbol{A}$ eine positiv definite $n \times n$-Matrix. Dann gibt es genau eine rechts-obere Dreiecksmatrix $\boldsymbol{R}$ mit $r_{ii} > 0$ für $i = 1, \ldots, n$ und $\boldsymbol{A} = \boldsymbol{R}^{\mathrm{T}} \boldsymbol{R}$. Diese Zerlegung heißt **Cholesky[1]-Zerlegung** von $\boldsymbol{A}$.

■

Die Berechnung der Cholesky-Zerlegung kann mit Algorithmus 3.4 geschehen.

Beispiel 3.9

Es soll geprüft werden, ob die Matrix $\boldsymbol{A} = \begin{pmatrix} 1 & 2 & 3 \\ 2 & 5 & 7 \\ 3 & 7 & 26 \end{pmatrix}$ positiv definit ist und ggf. ihre Cholesky-Zerlegung berechnet werden.

Lösung: $\boldsymbol{A}$ ist symmetrisch; also ist der Cholesky-Algorithmus anwendbar:

- $i = 1$: $S := a_{11} - \sum_{k=1}^{0} r_{k1}^2 = a_{11} = 1 > 0$, also $r_{11} := \sqrt{1} = 1$.
  - $j = 2$: $r_{12} := \dfrac{1}{r_{11}}(a_{12} - \sum_{k=1}^{0} r_{k1} r_{k2}) = a_{12} = 2$.
  - $j = 3$: $r_{13} := \dfrac{1}{r_{11}} a_{13} = a_{13} = 3$.
- $i = 2$: $S := a_{22} - \sum_{k=1}^{1} r_{k2}^2 = a_{22} - r_{12}^2 = 5 - 4 = 1 > 0$, also $r_{22} := \sqrt{1} = 1$.
  - $j = 3$: $r_{23} := \dfrac{1}{r_{22}}(a_{23} - \sum_{k=1}^{1} r_{k2} r_{k3}) = a_{23} - r_{12} r_{13} = 7 - 2 \cdot 3 = 1$.

---

[1] André-Louis Cholesky, 1875-1918, französischer Mathematiker

- $i = 3$: $S := a_{33} - \sum_{k=1}^{2} r_{k3}^2 = a_{33} - r_{13}^2 - r_{23}^2 = 26 - 3^2 - 1^2 = 16 > 0$, also $r_{33} = \sqrt{16} = 4$.

Da der Algorithmus durchführbar war, ist $\boldsymbol{A}$ positiv definit und wir haben

$$\boldsymbol{R}^\top \boldsymbol{R} = \begin{pmatrix} 1 & 0 & 0 \\ 2 & 1 & 0 \\ 3 & 1 & 4 \end{pmatrix} \cdot \begin{pmatrix} 1 & 2 & 3 \\ 0 & 1 & 1 \\ 0 & 0 & 4 \end{pmatrix} = \begin{pmatrix} 1 & 2 & 3 \\ 2 & 5 & 7 \\ 3 & 7 & 26 \end{pmatrix} = \boldsymbol{A}.$$

■

Algorithmus 3.4
Cholesky-Zerlegung

Input: $\boldsymbol{A}$ symmetrische $n \times n$ Matrix

for $i = 1, \ldots, n$ **do**
  $S := a_{ii} - \sum_{k=1}^{i-1} r_{ki}^2$ $\{$*für* $i = 1$ *ist also* $S := a_{ii}\}$
  if $S \leq 0$ **then**
    $\boldsymbol{A}$ ist nicht positiv definit, Abbruch
  else
    $\{$*Fall:* $S > 0\}$
    $r_{ii} := \sqrt{S}$
    for $j = i + 1, \ldots, n$ **do**
      $r_{ij} := \frac{1}{r_{ii}} (a_{ij} - \sum_{k=1}^{i-1} r_{ki} r_{kj})$
    end for
  end if
end for

Output: $\boldsymbol{R}$ rechts-obere Dreiecksmatrix mit $r_{ii} > 0$ für $i = 1, \ldots, n$ und $\boldsymbol{A} = \boldsymbol{R}^\top \boldsymbol{R}$

Der Aufwand dieses Algorithmus' beträgt $\frac{1}{6}n^3 + \frac{1}{2}n^2 - \frac{2}{3}n$ Punktoperationen sowie n Wurzelberechnungen. Er stellt gleichzeitig fest, ob $\boldsymbol{A}$ positiv definit ist (und damit, ob überhaupt eine Cholesky-Zerlegung existiert).

■

Aufgaben

3.10 Prüfen Sie die folgenden Matrizen auf positive Definitheit und berechnen Sie ggf. die Cholesky-Zerlegung:

$$\boldsymbol{A}_1 = \begin{pmatrix} 4 & -2 & 6 \\ -2 & 5 & -1 \\ 6 & -1 & 26 \end{pmatrix}, \qquad \boldsymbol{A}_2 = \begin{pmatrix} 9 & 12 & 6 \\ 12 & 25 & 23 \\ 6 & 23 & 78 \end{pmatrix},$$

$$\boldsymbol{A}_3 = \begin{pmatrix} 4 & -8 & 6 \\ -8 & 17 & -8 \\ 6 & -8 & 34 \end{pmatrix}, \qquad \boldsymbol{A}_4 = \begin{pmatrix} 36 & -24 & 18 \\ -24 & 17 & -8 \\ 18 & -8 & 25 \end{pmatrix},$$

$$\boldsymbol{A}_5 = \begin{pmatrix} 64 & -40 & 16 \\ -40 & 29 & -4 \\ 16 & -4 & 62 \end{pmatrix}, \qquad \boldsymbol{A}_6 = \begin{pmatrix} 9 & -21 & 6 \\ -21 & 49 & -14 \\ 6 & -14 & 29 \end{pmatrix}.$$

3.11 Verifizieren Sie die oben angegebene Anzahl benötigter Punktoperationen für die Cholesky-Zerlegung einer positiv definiten $n \times n$-Matrix $\boldsymbol{A}$. Wie viele Punktoperationen benötigt die Lösung eines linearen Gleichungssystems mit der Cholesky-Zerlegung?

3.4.3 Die QR-Zerlegung

Wir haben schon die Vorteile einer Dreieckszerlegung erkannt. Lineare Gleichungssysteme lassen sich besonders einfach lösen, wenn die Koeffizientenmatrix eine Dreiecksmatrix ist. Dies haben wir bei der LR-Zerlegung und bei der Cholesky-Zerlegung ausgenutzt. Es gibt jedoch noch weitere Matrizen, die eine solche angenehme Eigenschaft haben, dabei aber keine Dreiecksmatrix sind.

Definition

Eine $n \times n$-Matrix $\boldsymbol{Q}$ heißt **orthogonal**, wenn $\boldsymbol{Q}^\top \cdot \boldsymbol{Q} = \boldsymbol{I}_n$ ist. Man sagt auch kurz, $\boldsymbol{A}$ ist eine **Orthogonalmatrix**.

■

Man sieht, dass $\boldsymbol{Q}$ regulär ist und $\boldsymbol{Q}^{-1} = \boldsymbol{Q}^\top$ gilt, so dass die Lösung von $\boldsymbol{Q}\boldsymbol{x} = \boldsymbol{b}$ direkt hingeschrieben werden kann als $\boldsymbol{x} = \boldsymbol{Q}^{-1}\boldsymbol{b} = \boldsymbol{Q}^\top\boldsymbol{b}$. Wir haben hier also den seltenen angenehmen Fall, dass wir die Inverse der Matrix kennen. Der Name „Orthogonalmatrix“ rührt daher, dass in einer solchen Matrix die Spalten aufeinander senkrecht stehen. Mehr dazu in [9].

Definition

Sei $\boldsymbol{A}$ eine $n \times n$-Matrix. Eine **QR-Zerlegung** von $\boldsymbol{A}$ ist eine Darstellung von $\boldsymbol{A}$ als Produkt einer orthogonalen $n \times n$-Matrix $\boldsymbol{Q}$ und einer rechts-oberen $n \times n$-Dreiecksmatrix $\boldsymbol{R}$:

$$\boldsymbol{A} = \boldsymbol{Q}\boldsymbol{R}.$$

■

Für alle regulären Matrizen existiert eine QR-Zerlegung (welche aber nicht eindeutig ist). Mit einer vorliegenden QR-Zerlegung von $\boldsymbol{A}$ ist das Lösen des linearen Gleichungssystems $\boldsymbol{A}\boldsymbol{x} = \boldsymbol{b}$ auf das Lösen eines einfachen rechts-oberen Dreieckssystems zurückgeführt wegen:

$$\boldsymbol{A}\boldsymbol{x} = \boldsymbol{b} \iff \boldsymbol{Q}\boldsymbol{R}\boldsymbol{x} = \boldsymbol{b} \iff \boldsymbol{R}\boldsymbol{x} = \boldsymbol{Q}^{-1}\boldsymbol{b} = \boldsymbol{Q}^{\top}\boldsymbol{b}.$$

Wie erhalten wir nun eine QR-Zerlegung? Eine LR-Zerlegung haben wir erhalten, indem wir die Eliminationsschritte im Gauß-Algorithmus mit Matrizen $\boldsymbol{L}_i$ beschrieben haben und aus diesen die Matrix $\boldsymbol{L}$ zusammengestellt haben. Die $\boldsymbol{L}_i$ waren dabei auch schon links-untere Dreiecksmatrizen. Analog werden wir hier vorgehen: Wir beschreiben Eliminationsschritte mit einfachen orthogonalen Matrizen $\boldsymbol{Q}_i$ und setzen daraus $\boldsymbol{Q}$ zusammen. Die $\boldsymbol{Q}_i$ sind dabei die wie folgt definierten **Householder**[2]**-Matrizen**.

Householder-Matrizen

Sei $\boldsymbol{u} \in \mathbb{R}^n$ mit $\|\boldsymbol{u}\| = 1$ und $\boldsymbol{H} := \boldsymbol{I}_n - 2\,\boldsymbol{u}\,\boldsymbol{u}^{\top}$. Die $n \times n$-Matrix $\boldsymbol{H}$ heißt dann **Householder-Matrix** und ist symmetrisch und orthogonal.

■

Die durch Householder-Matrizen beschriebenen Abbildungen sind geometrisch gesehen Spiegelungen an einer zu $\boldsymbol{u}$ senkrechten Ebene, siehe [1, 10].

$\boldsymbol{u}\,\boldsymbol{u}^{\top}$ ist eine $n \times n$-Matrix (hier wird ja eine Spalte mit einer Zeile multipliziert) mit Elementen $(\boldsymbol{u}\,\boldsymbol{u}^{\top})_{ij} = u_i\,u_j$, diese Matrix ist also symmetrisch und daher ist auch $\boldsymbol{H}$ symmetrisch. Natürlich ist sie in der Regel keine Dreiecksmatrix, man sieht aber, dass nicht viel Information in einer Householder-Matrix steckt: Man muss nur den Vektor $\boldsymbol{u}$ kennen, um $\boldsymbol{H}$ berechnen zu können. Sprich: man muss nur n Zahlen kennen, um diese $n \times n$-Matrix berechnen zu können.

Wir werden nun Householder-Matrizen benutzen, um eine $n \times n$-Matrix $\boldsymbol{A}$ schrittweise auf rechts-obere Dreiecksform zu bringen, ganz ähnlich wie beim Gauß-Algorithmus mit den Matrizen $\boldsymbol{L}_i$. Mit jeweils einer Householder-Matrix werden wir jeweils eine Spalte von $\boldsymbol{A}$ unterhalb der Diagonalen ausräumen (d. h. deren Elemente zu Null machen). Wir betrachten den ersten Schritt genauer, d. h. es geht uns um die erste Spalte von $\boldsymbol{A}$ und die gesuchte Transformation $\boldsymbol{H}$ mit

---

[2] Alston S. Householder, 1904-1993, US-amerikanischer Mathematiker

$$\boldsymbol{H}\cdot\boldsymbol{A} = \boldsymbol{H}\cdot\underbrace{\begin{pmatrix} * & * & * & * & * \\ * & * & * & * & * \\ * & * & * & * & * \\ * & * & * & * & * \\ * & * & * & * & * \end{pmatrix}}_{=\boldsymbol{A}} = \begin{pmatrix} * & * & * & * & * \\ 0 & * & * & * & * \\ 0 & * & * & * & * \\ 0 & * & * & * & * \\ 0 & * & * & * & * \end{pmatrix}$$

Das gesuchte $\boldsymbol{H}$ finden wir wie folgt: Sei $\boldsymbol{x}$ die erste Spalte von $\boldsymbol{A}$ und $\boldsymbol{e}_1$ der erste Einheitsvektor (zur Erinnerung: die erste Komponente ist 1, sonst Nullen). Dann definieren wir[3]:

$$\boldsymbol{v} := \boldsymbol{x} + \operatorname{sign}(x_1)\,\|\boldsymbol{x}\|_2\cdot\boldsymbol{e}_1, \quad \boldsymbol{u} := \frac{1}{\|\boldsymbol{v}\|_2}\,\boldsymbol{v}, \quad \boldsymbol{H} := \boldsymbol{I}_n - 2\,\boldsymbol{u}\,\boldsymbol{u}^\top.$$

Ausnahmsweise (anders als in Kapitel 1) wollen wir hier $\operatorname{sign}(0) := 1$ definieren. Dann kann man leicht nachrechnen (siehe [1]), dass:

$$\boldsymbol{H}\,\boldsymbol{x} = \boldsymbol{x} - 2\,(\boldsymbol{u}^\top\boldsymbol{x})\,\boldsymbol{u} = -\operatorname{sign}(x_1)\,\|\boldsymbol{x}\|_2\cdot\boldsymbol{e}_1$$

$\boldsymbol{H}\,\boldsymbol{x}$ ist aber die erste Spalte von $\boldsymbol{H}\cdot\boldsymbol{A}$, und da diese ein Vielfaches von $\boldsymbol{e}_1$ ist, haben wir unser Ziel erreicht.

Diese Grundidee wird nun mehrfach angewendet, um$\boldsymbol{A}$ schrittweise auf rechts-obere Dreiecksform zu bringen. Schauen wir uns den zweiten Schritt an:

Im ersten hatten wir mittels einer $(n-1)\times(n-1)$-Matrix $\boldsymbol{Q}_1 := \boldsymbol{H}$ Nullen in der ersten Spalte unterhalb der Diagonalen erzeugt. Im zweiten Schritt wird nun von $\boldsymbol{H}\cdot\boldsymbol{A}$ die erste Zeile und die erste Spalte gestrichen und die so entstehende $(n-1)\times(n-1)$-Matrix $\boldsymbol{A}_2$ weiterbehandelt:

$$\boldsymbol{Q}_1\cdot\boldsymbol{A} = \left(\begin{array}{c|cccc} * & * & * & * & * \\ \hline 0 & * & * & * & * \\ 0 & * & * & * & * \\ 0 & * & * & * & * \\ 0 & * & * & * & * \end{array}\right) = \left(\begin{array}{c|cccc} 1 & 0 & 0 & 0 & 0 \\ \hline 0 & & & & \\ 0 & & \boldsymbol{A}_2 & & \\ 0 & & & & \\ 0 & & & & \end{array}\right)$$

Im nächsten Schritt wird $\boldsymbol{H}_2$ bestimmt, so dass:

$$\boldsymbol{H}_2\cdot\boldsymbol{A}_2 = \boldsymbol{H}_2\cdot\begin{pmatrix} * & * & * & * \\ * & * & * & * \\ * & * & * & * \\ * & * & * & * \end{pmatrix} = \begin{pmatrix} * & * & * & * \\ 0 & * & * & * \\ 0 & * & * & * \\ 0 & * & * & * \end{pmatrix}$$

Um alles wieder auf $n\times n$ zu bringen, wird die $(n-1)\times(n-1)$-Matrix $\boldsymbol{H}_2$ oben mit einer Zeile Nullen und links mit einer Spalte Nullen, aber links oben nicht mit Null, sondern mit 1 ergänzt. Wir haben dann

[3] Im Folgenden steht $\|\boldsymbol{x}\|_2$ für die Euklidische Länge von $\boldsymbol{x}$, siehe Abschnitt 3.5.

$$\underbrace{\left(\begin{array}{c|cccc} 1 & 0 & 0 & 0 & 0 \\ \hline 0 & & & & \\ 0 & & \boldsymbol{H}_2 & & \\ 0 & & & & \\ 0 & & & & \end{array}\right)}_{=:\boldsymbol{Q}_2} \cdot \boldsymbol{Q}_1 \cdot \boldsymbol{A} = \left(\begin{array}{c|cccc} 1 & 0 & 0 & 0 & 0 \\ \hline 0 & & & & \\ 0 & & \boldsymbol{H}_2 & & \\ 0 & & & & \\ 0 & & & & \end{array}\right) \cdot \left(\begin{array}{c|cccc} 1 & 0 & 0 & 0 & 0 \\ \hline 0 & & & & \\ 0 & & \boldsymbol{A}_2 & & \\ 0 & & & & \\ 0 & & & & \end{array}\right)$$

$$= \left(\begin{array}{c|cccc} 1 & 0 & 0 & 0 & 0 \\ \hline 0 & & & & \\ 0 & & \boldsymbol{H}_2\boldsymbol{A}_2 & & \\ 0 & & & & \\ 0 & & & & \end{array}\right) = \left(\begin{array}{c|cccc} * & * & * & * & * \\ \hline 0 & * & * & * & * \\ 0 & 0 & * & * & * \\ 0 & 0 & * & * & * \\ 0 & 0 & * & * & * \end{array}\right)$$

Die neu definierte Matrix $\boldsymbol{Q}_2$ ist (wie man leicht sieht) ebenfalls orthogonal. Wir haben also durch Linksmultiplikation von $\boldsymbol{A}$ mit den beiden orthogonalen Matrizen $\boldsymbol{Q}_1$ und $\boldsymbol{Q}_2$ die ersten beiden Spalten von $\boldsymbol{A}$ unterhalb der Diagonalen durch Nullen ersetzt. Natürlich ändern sich dabei auch die Elemente oberhalb der Diagonalen, aber das stört uns nicht. Wir sind ja auf die rechts-obere Dreiecksform aus. Analog haben wir im nächsten Schritt:

$$\underbrace{\left(\begin{array}{cc|ccc} 1 & 0 & 0 & 0 & 0 \\ 0 & 1 & 0 & 0 & 0 \\ \hline 0 & 0 & & & \\ 0 & 0 & & \boldsymbol{H}_3 & \\ 0 & 0 & & & \end{array}\right)}_{=:\boldsymbol{Q}_3} \cdot \boldsymbol{Q}_2 \cdot \boldsymbol{Q}_1 \cdot \boldsymbol{A} = \left(\begin{array}{cc|ccc} * & * & * & * & * \\ 0 & * & * & * & * \\ \hline 0 & 0 & * & * & * \\ 0 & 0 & 0 & * & * \\ 0 & 0 & 0 & * & * \end{array}\right)$$

Nach diesem Muster fahren wir fort, erhalten eine weitere orthogonale Matrix $\boldsymbol{Q}_4$, und enden schließlich bei:

$$\boldsymbol{Q}_4 \cdot \boldsymbol{Q}_3 \cdot \boldsymbol{Q}_2 \cdot \boldsymbol{Q}_1 \cdot \boldsymbol{A} = \begin{pmatrix} * & * & * & * & * \\ 0 & * & * & * & * \\ 0 & 0 & * & * & * \\ 0 & 0 & 0 & * & * \\ 0 & 0 & 0 & 0 & * \end{pmatrix} =: \boldsymbol{R}$$

Unsere gesuchte Matrix $\boldsymbol{Q}$ in der QR-Zerlegung ist dann

$$\boldsymbol{Q} := (\boldsymbol{Q}_4 \cdot \boldsymbol{Q}_3 \cdot \boldsymbol{Q}_2 \cdot \boldsymbol{Q}_1)^{-1} = \boldsymbol{Q}_1^{-1} \cdot \boldsymbol{Q}_2^{-1} \cdot \boldsymbol{Q}_3^{-1} \cdot \boldsymbol{Q}_4^{-1} = \boldsymbol{Q}_1^\top \cdot \boldsymbol{Q}_2^\top \cdot \boldsymbol{Q}_3^\top \cdot \boldsymbol{Q}_4^\top,$$

da ja die $\boldsymbol{Q}_i$ orthogonal sind. Es sind hier also keine Inversen zu berechnen.
Die Grundidee ist nochmal als Algorithmus 3.5 formuliert.

Man kann den Algorithmus wie oben formuliert in ein Programm umsetzen, aber effizient geht anders. Die spezielle Struktur der Matrizen erlaubt einige Einsparungen an Rechenarbeit, siehe die späteren Bemerkungen.

Algorithmus 3.5
Berechnung der QR-Zerlegung

Input: $\boldsymbol{A}$ $n \times n$ Matrix

$\boldsymbol{R} := \boldsymbol{A}$
$\boldsymbol{Q} := \boldsymbol{I_n}$
for $i = 1, \ldots, n-1$ **do**
  {*erzeuge Nullen in* $\boldsymbol{R}$ *in der* i*-ten Spalte unterhalb der Diagonalen*}
  bestimme die $(n-i+1) \times (n-i+1)$-Householder-Matrix $\boldsymbol{H}_i$
  erweitere $\boldsymbol{H}_i$ durch $\boldsymbol{I}_{i-1}$-Block links oben zur $n \times n$-Matrix $\boldsymbol{Q}_i$
  $\boldsymbol{R} := \boldsymbol{Q}_i \cdot \boldsymbol{R}$
  $\boldsymbol{Q} := \boldsymbol{Q} \cdot \boldsymbol{Q}_i^T$.
end for

Output: $\boldsymbol{Q}$, $\boldsymbol{R}$ mit $\boldsymbol{Q}$ orthogonal, $\boldsymbol{R}$ rechts-obere Dreiecksmatrix mit $\boldsymbol{Q}_i \cdot \boldsymbol{R} = \boldsymbol{A}$

■

Beispiel 3.10
Das Gleichungssystem

$$\boldsymbol{A}\boldsymbol{x} = \boldsymbol{b} \quad \text{mit} \quad \boldsymbol{A} := \begin{pmatrix} 1 & 2 & -1 \\ 4 & -2 & 6 \\ 3 & 1 & 0 \end{pmatrix}, \quad \boldsymbol{b} = \begin{pmatrix} 9 \\ -4 \\ 9 \end{pmatrix}$$

soll mittels QR-Zerlegung von $\boldsymbol{A}$ gelöst werden. Zum Vergleich: dasselbe System wurde schon in Beispiel 3.2 mit dem Gauß-Algorithmus gelöst. In Beispiel 3.8 htten wir bereits die LR-Zerlegung von $\boldsymbol{A}$ berechnet.

Lösung: Los geht's mit der ersten Spalte von $\boldsymbol{A}$ (wir geben alle Zahlen gerundet mit 4 Nachkommastellen an):

$$\boldsymbol{x} = \begin{pmatrix} 1 \\ 4 \\ 3 \end{pmatrix}, \text{also } \boldsymbol{v} := \boldsymbol{x} + \operatorname{sign}(x_1)\, \|\boldsymbol{x}\|_2 \cdot \boldsymbol{e_1} = \begin{pmatrix} 1+\sqrt{26} \\ 4 \\ 3 \end{pmatrix} = \begin{pmatrix} 6.099 \\ 4 \\ 3 \end{pmatrix}$$

$$\boldsymbol{u} = \frac{1}{\|v\|_2}\boldsymbol{v} = \frac{1}{7.8866}\begin{pmatrix} 6.099 \\ 4 \\ 3 \end{pmatrix} = \begin{pmatrix} 0.7733 \\ 0.5072 \\ 0.3804 \end{pmatrix}.$$

Damit berechnet sich die erste Transformationsmatrix $\boldsymbol{H}$ zu

$$\boldsymbol{H} := \boldsymbol{I}_3 - 2\,\boldsymbol{u}\,\boldsymbol{u}^\top = \begin{pmatrix} -0.1961 & -0.7845 & -0.5883 \\ -0.7845 & 0.4855 & -0.3859 \\ -0.5883 & -0.3859 & 0.7106 \end{pmatrix} =: \boldsymbol{Q}_1$$

Damit haben wir

$$Q_1 A = \begin{pmatrix} -5.0990 & 0.5883 & -4.5107 \\ 0 & -2.9258 & 3.6976 \\ 0 & 0.3056 & -1.7268 \end{pmatrix}$$

Nun arbeiten wir mit dem 2×2-Block rechts unten in $Q_1 A$ weiter:

$$A_2 := \begin{pmatrix} -2.9258 & 3.6976 \\ 0.3056 & -1.7268 \end{pmatrix}$$

Wir bezeichnen die erste Spalte von A_2 mit x und verfahren wie vorher:

$$x = \begin{pmatrix} -2.9258 \\ 0.3056 \end{pmatrix}, \text{ also } v := x + \operatorname{sign}(x_1)\, \|x\|_2 \cdot e_1 = \begin{pmatrix} -5.8676 \\ 0.3056 \end{pmatrix}$$

$$u = \frac{1}{\|v\|_2} v = \frac{1}{5.8755} \begin{pmatrix} -5.8676 \\ 0.3056 \end{pmatrix} = \begin{pmatrix} -0.9986 \\ 0.0520 \end{pmatrix}.$$

Damit berechnet sich die zweite Householder-Matrix H_2 zu

$$H_2 := I_2 - 2\, u\, u^\top = \begin{pmatrix} -0.9946 & 0.1039 \\ 0.1039 & 0.9946 \end{pmatrix}$$

$$\text{also } Q_2 := \left(\begin{array}{c|cc} 1 & 0 & 0 \\ \hline 0 & \multicolumn{2}{c}{\multirow{2}{*}{H_2}} \\ 0 & & \end{array}\right) = \begin{pmatrix} 1 & 0 & 0 \\ 0 & -0.9946 & 0.1039 \\ 0 & 0.1039 & 0.9946 \end{pmatrix}$$

Damit haben wir das Ende der Schleife erreicht und erhalten das Ergebnis:

$$Q = Q_1^\top \cdot Q_2^\top = \begin{pmatrix} -0.1961 & 0.7191 & -0.6667 \\ -0.7845 & -0.5230 & -0.3333 \\ -0.5883 & 0.4576 & 0.6667 \end{pmatrix},$$

$$R = Q_2 Q_1 A = \begin{pmatrix} -5.0990 & 0.5883 & -4.5107 \\ 0 & 2.9417 & -3.8570 \\ 0 & 0 & -1.3333 \end{pmatrix}.$$

Sie können (und sollten) gerne die Probe machen, um sicher zu sein, dass wirklich $A = QR$ ist.

Nun muss noch das Gleichungssystem $Ax = b$ gelöst werden:

$$Ax = b \iff QRx = b \iff Rx = Q^\top b \iff$$

$$\begin{pmatrix} -5.0990 & 0.5883 & -4.5107 \\ 0 & 2.9417 & -3.8570 \\ 0 & 0 & -1.3333 \end{pmatrix} x = \begin{pmatrix} -0.1961 & -0.7845 & -0.5883 \\ 0.7191 & -0.5230 & 0.4576 \\ -0.6667 & -0.3333 & 0.6667 \end{pmatrix} \begin{pmatrix} 9 \\ -4 \\ 9 \end{pmatrix}$$

$$= \begin{pmatrix} -3.9223 \\ 12.6822 \\ 1.3333 \end{pmatrix}$$

Dieses wird durch Rückwärtseinsetzen gelöst und man erhält (wie aus Beispiel 3.2 erwartet) $x = (2, 3, -1)^\top$. ■

Bemerkungen:

- Auf dem Rechner geht man bei der Berechnung von $\boldsymbol{Q}$ und $\boldsymbol{R}$ nicht so wie in obigem Beispiel vor, sondern macht sich eine Reihe von Eigenschaften der Householder-Matrizen zunutze. Man arbeitet beispielsweise nicht mit den vollen $\boldsymbol{Q}_i$, sondern mit den kleineren $\boldsymbol{H}_i$. Und von diesen $\boldsymbol{H}_i$ braucht man – wie schon eingangs erwähnt – nur die zugrunde liegenden Vektoren $\boldsymbol{u}$ zu kennen. Für $\boldsymbol{x} \in \mathbb{R}^n$ kann dann das Produkt $\boldsymbol{H}\boldsymbol{x}$ ohne Verwendung der Matrix $\boldsymbol{H}$ berechnet werden, was man wie folgt sieht:

  $$\boldsymbol{H}\boldsymbol{x} = \boldsymbol{x} - 2\,\boldsymbol{u}\boldsymbol{u}^\top\boldsymbol{x} = \boldsymbol{x} - 2\,\boldsymbol{u}\,(\boldsymbol{u}^\top\boldsymbol{x}) = \boldsymbol{x} - 2\,(\boldsymbol{u}^\top\boldsymbol{x})\,\boldsymbol{u}$$

  Man benötigt also nur zwei Skalarprodukte mit $\boldsymbol{u}$ bzw. $\boldsymbol{u}^\top$. Diese können mit $2n$ Punktoperationen berechnet werden, sodass für die Berechnung von $\boldsymbol{H}\boldsymbol{x}$ nur diese $2n$ Punktoperationen nötig sind (wäre $\boldsymbol{H}$ eine normale vollbesetzte Matrix, wären dazu n^2 Punktoperationen nötig). Insgesamt benötigt die QR-Zerlegung einer $n \times n$-Matrix etwa $\frac{2}{3}\,n^3$ Punktoperationen.
- Weitere Details zur Implementierung findet man z. B. in [1].
- Prinzipiell könnte man eine QR-Zerlegung auch mit dem Gram-Schmidt-Verfahren zur Orthogonalisierung (siehe z. B. [9]) berechnen. Diese Methode ist aber in ihrer ursprünglichen Form numerisch ungünstig, da sich in manchen Situationen Rundungsfehler unvorteilhaft aufschaukeln können (siehe z. B. [5]).
- Eine wichtige Anwendung der QR-Zerlegung ist die numerische Berechnung von Eigenwerten (siehe z. B. [10]). Dort bildet sie die Grundlage des QR-Algorithmus (siehe z. B. [1, 2, 10, 6]).

Aufgaben

3.12 Berechnen Sie die QR-Zerlegung für die Matrizen aus Aufgabe 3.5.

3.13 Im Laufe der QR-Zerlegung werden Householder-Matrizen $\boldsymbol{H}_i$ mit Blöcken von Einheitsmatrizen zu $\boldsymbol{Q}_i$ erweitert. Weisen Sie nach, dass auch die $\boldsymbol{Q}_i$ Householder-Matrizen sind. Hinweis: Finden Sie einen geeigneten Vektor $\boldsymbol{u}$ für $\boldsymbol{Q}_i$.

3.14 Bestimmen Sie die Anzahl der Punktoperationen, die nötig sind, um ein System $\boldsymbol{A}\boldsymbol{x} = \boldsymbol{b}$ (wobei $\boldsymbol{A}$ $n \times n$-Matrix, $\boldsymbol{b} \in \mathbb{R}^n$) unter Verwendung einer gegebenen QR-Zerlegung von $\boldsymbol{A}$ zu lösen. Siehe auch Abschnitt 3.2.

3.5 Fehlerrechnung bei linearen Gleichungssystemen

Wir wollen nun untersuchen, wie sich Fehler in der Matrix und der rechten Seite eines linearen Gleichungssystems auf dessen Lösung auswirken. In Kapitel 1 haben wir bereits die Fehlerfortpflanzung bei Funktionsauswertungen untersucht. Zur Abstandsmessung des fehlerbehafteten Wertes vom exakten Wert dient dabei der Absolutbetrag der Differenz dieser beiden Zahlen. Da wir hier aber über Vektoren reden, benötigen wir zunächst einen Abstands- bzw. Längenbegriff für Vektoren. In der Geometrie verwendet man z. B. im $\mathbf{R}^2$ die euklidische Länge, d. h. $\sqrt{x_1^2 + x_2^2}$ als Länge von $(x_1, x_2)^\top$. Für viele Zwecke wäre es aber nützlich, statt der euklidischen Länge eines Vektors dessen größte Komponente zu betrachten, was auf einen anderen Längenbegriff führt. Es gibt darüber hinaus noch weitere Varianten. Wir wollen zunächst die grundlegenden Eigenschaften des Längenbegriffs festhalten.

Definition

Eine Abbildung $\|.\| : \mathbf{R}^n \longrightarrow \mathbf{R}$ heißt **Vektornorm**, wenn die folgenden Bedingungen für alle $\boldsymbol{x}, \boldsymbol{y} \in \mathbf{R}^n$, $\lambda \in \mathbf{R}$ erfüllt sind:

- $\|\boldsymbol{x}\| \geq 0$ und $\|\boldsymbol{x}\| = 0 \iff \boldsymbol{x} = \boldsymbol{o}$
- $\|\lambda \boldsymbol{x}\| = |\lambda| \, \|\boldsymbol{x}\|$
- $\|\boldsymbol{x} + \boldsymbol{y}\| \leq \|\boldsymbol{x}\| + \|\boldsymbol{y}\|$ „Dreiecksungleichung"

■

Diese Eigenschaften kennen wir schon vom Absolutbetrag in $\mathbf{R}$. In der Tat stellt der Absolutbetrag eine Vektornorm in $\mathbf{R}$ dar.
Die drei gebräuchlichsten Vektornormen im $\mathbf{R}^n$ sind die folgenden.

Definition

Für $\boldsymbol{x} = (x_1, x_2, \ldots, x_n)^\top \in \mathbf{R}^n$ gibt es die folgenden **Vektornormen**:

- **1-Norm, Summennorm:** $\|\boldsymbol{x}\|_1 := \sum_{i=1}^{n} |x_i|$
- **2-Norm, euklidische Norm:** $\|\boldsymbol{x}\|_2 := \sqrt{\sum_{i=1}^{n} x_i^2}$
- **∞-Norm, Maximumnorm:** $\|\boldsymbol{x}\|_\infty := \max_{i=1,\ldots,n} |x_i|$

■

Bemerkungen:

- Die euklidische Norm entspricht dem herkömmlichen Verständnis der Länge eines Vektors, die anderen beiden Vektornormen sind aber im Zusammenhang mit Matrixoperationen leichter zu berechnen.
- Alle Vektornormen sind **äquivalent**, das bedeutet, für zwei beliebige Vektornormen $\|.\|_a$ und $\|.\|_b$ gibt es Konstanten $c_1, c_2 \in \mathbf{R}$ so, dass

  $$c_1 \|\boldsymbol{x}\|_a \leq \|\boldsymbol{x}\|_b \leq c_2 \|\boldsymbol{x}\|_a \quad \text{für alle } \boldsymbol{x} \in \mathbf{R}^n.$$

  Diese Aussage ist bedeutsam bei Konvergenzfragen – sie besagt nämlich, dass wenn eine Folge von Vektoren bez. einer Vektornorm konvergiert, dann konvergiert sie auch bez. jeder anderen Vektornorm.

Zu diesen Vektornormen gehören entsprechende Matrixnormen:

Definition

Für eine $n \times n$-Matrix $\boldsymbol{A} = (a_{ij})$ sind mit den Vektornormen die folgenden **Matrixnormen** verbunden (induzierte Matrixnormen):

- **1-Norm, Spaltensummennorm:** $\|\boldsymbol{A}\|_1 = \max\limits_{j=1,\dots,n} \sum\limits_{i=1}^{n} |a_{ij}|$
- **2-Norm, Spektralnorm:** $\|\boldsymbol{A}\|_2 = \sqrt{\rho(\boldsymbol{A}^\top \boldsymbol{A})}$
- **∞-Norm, Zeilensummennorm:** $\|\boldsymbol{A}\|_\infty = \max\limits_{i=1,\dots,n} \sum\limits_{j=1}^{n} |a_{ij}|$

Hierbei ist für $n \times n$-Matrizen $\boldsymbol{B}$

$$\rho(\boldsymbol{B}) := \max\{|\lambda| \mid \lambda \text{ Eigenwert von } \boldsymbol{B}\} \text{ „Spektralradius" von } \boldsymbol{B} \tag{3.1}$$

wobei λ Eigenwert von $\boldsymbol{B}$ heißt, falls $\det(\boldsymbol{B} - \lambda \cdot \boldsymbol{I}_n) = 0$. Dabei ist $\boldsymbol{I}_n$ die $n \times n$-Einheitsmatrix.

■

Bemerkungen:

- Die 2-Norm von Matrizen hat eher theoretische Bedeutung. Praktischer bei Matrixoperationen sind die 1- und die ∞-Norm.
- Die induzierten Matrixnormen erfüllen auch die in der Definition der Vektornorm aufgeführten Eigenschaften. Außerdem sind auch alle Matrixnormen untereinander äquivalent. Im Folgenden werden wir daher den kürzeren Begriff „Norm" sowohl für Vektoren als auch für Matrizen verwenden.

Beispiel 3.11

Berechnen Sie für $\begin{pmatrix} -1 \\ 2 \\ 3 \end{pmatrix}$ die 1-, 2-, und ∞-Norm und für $\begin{pmatrix} 1 & 2 & 3 \\ 3 & 4 & -2 \\ 7 & -3 & 5 \end{pmatrix}$ die 1- und die ∞-Norm.

Lösung:

$$\left\| \begin{pmatrix} -1 \\ 2 \\ 3 \end{pmatrix} \right\|_1 = 1+2+3 = 6, \quad \left\| \begin{pmatrix} -1 \\ 2 \\ 3 \end{pmatrix} \right\|_2 = \sqrt{1+2^2+3^2} = \sqrt{14},$$

$$\left\| \begin{pmatrix} -1 \\ 2 \\ 3 \end{pmatrix} \right\|_\infty = \max\{1, 2, 3\} = 3$$

$$\left\| \begin{pmatrix} 1 & 2 & 3 \\ 3 & 4 & -2 \\ 7 & -3 & 5 \end{pmatrix} \right\|_1 = \max\{1+3+7, 2+4+3, 3+2+5\} = 11$$

$$\left\| \begin{pmatrix} 1 & 2 & 3 \\ 3 & 4 & -2 \\ 7 & -3 & 5 \end{pmatrix} \right\|_\infty = \max\{1+2+3, 3+4+2, 7+3+5\} = 15.$$

■

Die ∞-Norm von $\boldsymbol{A}$ ist also die maximale zeilenweise Summe der Absolutbeträge der Elemente („Zeilensummennorm") und die 1-Norm von $\boldsymbol{A}$ ist die maximale spaltenweise Summe der Absolutbeträge der Elemente („Spaltensummennorm"). Mit diesen Bezeichnungen gelten die folgenden Fehlerabschätzungen.

Fehlerabschätzung bei gestörter rechter Seite

Sei $\|.\|$ eine Norm, $\boldsymbol{A}$ eine reguläre $n \times n$-Matrix, $\boldsymbol{x}, \tilde{\boldsymbol{x}}, \boldsymbol{b}, \tilde{\boldsymbol{b}} \in \mathbf{R}^n$, sodass $\boldsymbol{A}\boldsymbol{x} = \boldsymbol{b}$ und $\boldsymbol{A}\tilde{\boldsymbol{x}} = \tilde{\boldsymbol{b}}$. Dann gilt:

$$\|\boldsymbol{x} - \tilde{\boldsymbol{x}}\| \le \|\boldsymbol{A}^{-1}\| \cdot \|\boldsymbol{b} - \tilde{\boldsymbol{b}}\| \qquad \textbf{absoluter Fehler} \qquad (3.2)$$

$$\frac{\|\boldsymbol{x} - \tilde{\boldsymbol{x}}\|}{\|\boldsymbol{x}\|} \le \|\boldsymbol{A}\| \cdot \|\boldsymbol{A}^{-1}\| \cdot \frac{\|\boldsymbol{b} - \tilde{\boldsymbol{b}}\|}{\|\boldsymbol{b}\|} \quad \text{falls } \boldsymbol{b} \neq \boldsymbol{o} \qquad \textbf{relativer Fehler} \qquad (3.3)$$

Die Zahl $\operatorname{cond}(\boldsymbol{A}) := \|\boldsymbol{A}\| \cdot \|\boldsymbol{A}^{-1}\|$ nennt man **Konditionszahl** der Matrix $\boldsymbol{A}$ bez. der verwendeten Norm (vgl. (1.3)).

■

Die Norm der Inversen ist also der maximale Verstärkungsfaktor des absoluten Fehlers der rechten Seite im linearen Gleichungssystem, die Konditionszahl die maximale Verstärkung des relativen Fehlers.

Beispiel 3.12

Untersuchen Sie die Fehlerfortpflanzung im linearen Gleichungssystem $\boldsymbol{A}\boldsymbol{x} = \boldsymbol{b}$ mit

$$\boldsymbol{A} = \begin{pmatrix} 2 & 4 \\ 4 & 8.1 \end{pmatrix}, \quad \boldsymbol{b} = \begin{pmatrix} 1 \\ 1.5 \end{pmatrix}$$

im Falle, dass die rechte Seite $\tilde{\boldsymbol{b}}$ in jeder Komponente um maximal 0.1 von $\boldsymbol{b}$ abweicht.

Lösung: Zu betrachten ist also das System $\boldsymbol{A}\tilde{\boldsymbol{x}} = \tilde{\boldsymbol{b}}$, wobei $\tilde{\boldsymbol{b}}$ von $\boldsymbol{b}$ um maximal 0.1 in jeder Komponente abweicht. Dies bedeutet $\|\tilde{\boldsymbol{b}} - \boldsymbol{b}\|_\infty \leq 0.1$. Wir können also die Abschätzung in der ∞-Norm vornehmen. Für reguläre (d. h. invertierbare) 2×2-Matrizen gilt:

$$\boldsymbol{A} = \begin{pmatrix} a_{11} & a_{12} \\ a_{21} & a_{22} \end{pmatrix} \Longrightarrow \boldsymbol{A}^{-1} = \frac{1}{\det \boldsymbol{A}} \begin{pmatrix} a_{22} & -a_{12} \\ -a_{21} & a_{11} \end{pmatrix}$$

Damit haben wir sofort für unseren Fall

$$\|\boldsymbol{A}\|_\infty = 12.1, \; \boldsymbol{A}^{-1} = \frac{1}{2 \cdot 8.1 - 4 \cdot 4} \begin{pmatrix} 8.1 & -4 \\ -4 & 2 \end{pmatrix} \Longrightarrow \|\boldsymbol{A}^{-1}\|_\infty = \frac{12.1}{0.2} = 60.5.$$

In der ∞-Norm haben wir also $\operatorname{cond}(\boldsymbol{A}) = 12.1 \cdot 60.5 = 732.05$. Mit (3.2) und (3.3) und $\|\boldsymbol{b}\|_\infty = 1.5$ erhalten wir dann:

$$\begin{aligned} \|\boldsymbol{x} - \tilde{\boldsymbol{x}}\|_\infty &\leq 60.5\,\|\boldsymbol{b} - \tilde{\boldsymbol{b}}\|_\infty \leq 6.05 \\ \frac{\|\boldsymbol{x} - \tilde{\boldsymbol{x}}\|_\infty}{\|\boldsymbol{x}\|_\infty} &\leq \operatorname{cond}(\boldsymbol{A}) \frac{\|\boldsymbol{b} - \tilde{\boldsymbol{b}}\|_\infty}{\|\boldsymbol{b}\|_\infty} \leq 732.05 \cdot \frac{0.1}{1.5} = 48.8. \end{aligned}$$

Die Lösung $\tilde{\boldsymbol{x}}$ des gestörten Systems $\boldsymbol{A}\tilde{\boldsymbol{x}} = \tilde{\boldsymbol{b}}$ wird also von der Lösung $\boldsymbol{x}$ des exakten Systems $\boldsymbol{A}\boldsymbol{x} = \boldsymbol{b}$ in jeder Komponente um maximal 6.05 abweichen (absoluter Fehler), und der relative Fehler in der ∞-Norm wird maximal 48.8 betragen. Man beachte, dass der relative Fehler nicht auf die Komponenten umgerechnet werden kann, da wir hier mit Vektoren hantieren. Der Fehlerverstärkungsfaktor für den absoluten Fehler in der ∞-Norm ist maximal 60.5, der für den relativen Fehler maximal 732.05. Testen wir das an einem konkreten Fall: Die gestörte rechte Seite sei

$$\tilde{\boldsymbol{b}} = \begin{pmatrix} 0.9 \\ 1.6 \end{pmatrix}, \quad \text{also} \quad \|\boldsymbol{b} - \tilde{\boldsymbol{b}}\|_\infty = 0.1, \quad \frac{\|\boldsymbol{b} - \tilde{\boldsymbol{b}}\|_\infty}{\|\boldsymbol{b}\|_\infty} = \frac{0.1}{1.5} = 0.0667.$$

Die Lösungen des exakten und des gestörten Systems sind dann:

$$\boldsymbol{x} = \begin{pmatrix} 10.5 \\ -5 \end{pmatrix}, \; \tilde{\boldsymbol{x}} = \begin{pmatrix} 4.45 \\ -2 \end{pmatrix} \Longrightarrow \|\boldsymbol{x} - \tilde{\boldsymbol{x}}\|_\infty = 6.05, \; \frac{\|\boldsymbol{x} - \tilde{\boldsymbol{x}}\|_\infty}{\|\boldsymbol{x}\|_\infty} = 0.57619.$$

Wir sehen also, dass in dieser Situation der absolute Fehler um den Faktor 60.5 (der maximal mögliche) verstärkt wurde und der relative Fehler um den Faktor 8.64. ■

Ist nicht nur die rechte Seite, sondern auch die Matrix fehlerbehaftet, so gilt für die Fehlerfortpflanzung folgende Abschätzung:

Fehlerabschätzung bei gestörter rechter Seite und gestörter Matrix

Sei $\|.\|$ eine Norm, $\boldsymbol{A}, \tilde{\boldsymbol{A}}$ reguläre $n \times n$-Matrizen, $\boldsymbol{x}, \tilde{\boldsymbol{x}}, \boldsymbol{b}, \tilde{\boldsymbol{b}} \in \mathbf{R}^n$, sodass $\boldsymbol{A}\boldsymbol{x} = \boldsymbol{b}$ und $\tilde{\boldsymbol{A}}\tilde{\boldsymbol{x}} = \tilde{\boldsymbol{b}}$ und es gelte mit $\Delta\boldsymbol{A} := \boldsymbol{A} - \tilde{\boldsymbol{A}}$: $\operatorname{cond}(\boldsymbol{A})\frac{\|\Delta\boldsymbol{A}\|}{\|\boldsymbol{A}\|} < 1$. Dann gilt mit $\Delta\boldsymbol{x} := \boldsymbol{x} - \tilde{\boldsymbol{x}}$, $\Delta\boldsymbol{b} := \boldsymbol{b} - \tilde{\boldsymbol{b}}$:

$$\frac{\|\Delta\boldsymbol{x}\|}{\|\boldsymbol{x}\|} \leq \frac{\operatorname{cond}(\boldsymbol{A})}{1 - \operatorname{cond}(\boldsymbol{A})\frac{\|\Delta\boldsymbol{A}\|}{\|\boldsymbol{A}\|}}\left(\frac{\|\Delta\boldsymbol{A}\|}{\|\boldsymbol{A}\|} + \frac{\|\Delta\boldsymbol{b}\|}{\|\boldsymbol{b}\|}\right) \tag{3.4}$$

■

Beispiel 3.13

Untersuchen Sie noch einmal die Fehlerfortpflanzung in der Ausgangssituation von Beispiel 3.12, wenn zusätzlich die Matrix $\boldsymbol{A}$ um maximal 0.003 je Element gestört ist.

Lösung: In Beispiel 3.12 hatten wir schon berechnet:

$$\|\boldsymbol{A}\|_\infty = 12.1,\ \operatorname{cond}(\boldsymbol{A}) = 732.05,\ \|\boldsymbol{b}\|_\infty = 1.5,\ \|\Delta\boldsymbol{b}\| \leq 0.1$$

Nach der Vorgabe ist $\|\Delta\boldsymbol{A}\|_\infty \leq 0.006$, also $\operatorname{cond}(\boldsymbol{A})\frac{\|\Delta\boldsymbol{A}\|}{\|\boldsymbol{A}\|} = 0.363 < 1$, wir können also (3.4) anwenden und erhalten:

$$\frac{\|\Delta\boldsymbol{x}\|}{\|\boldsymbol{x}\|} \leq \frac{732.05}{1 - 0.363}\left(\frac{0.006}{12.1} + \frac{0.1}{1.5}\right) \leq 77.2.$$

Wir wollen uns das an einem konkreten Beispiel ansehen:

$$\tilde{\boldsymbol{A}} = \begin{pmatrix} 2.003 & 4.003 \\ 3.997 & 8.097 \end{pmatrix},\ \tilde{\boldsymbol{b}} = \begin{pmatrix} 0.9 \\ 1.6 \end{pmatrix}$$

Die Lösungen des exakten und des gestörten Systems sind dann:

$$\boldsymbol{x} = \begin{pmatrix} 10.5 \\ -5 \end{pmatrix},\ \tilde{\boldsymbol{x}} = \begin{pmatrix} 4.043 \\ -1.798 \end{pmatrix} \implies \|\boldsymbol{x} - \tilde{\boldsymbol{x}}\|_\infty = 6.4574,\ \frac{\|\boldsymbol{x} - \tilde{\boldsymbol{x}}\|_\infty}{\|\boldsymbol{x}\|_\infty} = 0.615.$$

Wir sehen also, dass der relative Fehler des Lösungsvektors ca. 62 % beträgt; unsere Abschätzung lieferte in diesem Fall einen noch wesentlich größeren Wert. Es sei aber davor gewarnt anzunehmen, dass diese Abschätzungen generell unrealistisch pessimistisch ausfallen. ■

3.6 Iterative Verfahren

In 2.3 haben wir Fixpunktiterationen kennengelernt. Die Idee war, anstelle eines Nullstellenproblems ein Fixpunktproblem zu betrachten. Wir wollen nun $\boldsymbol{A}\boldsymbol{x} = \boldsymbol{b}$ lösen, also das Nullstellenproblem $\boldsymbol{A}\boldsymbol{x} - \boldsymbol{b} = \boldsymbol{o}$.

Beispiel 3.14
Das Gleichungssystem aus Beispiel 3.2

$$\boldsymbol{A}\boldsymbol{x} = \boldsymbol{b} \qquad \text{mit} \quad \boldsymbol{A} := \begin{pmatrix} 1 & 2 & -1 \\ 4 & -2 & 6 \\ 3 & 1 & 0 \end{pmatrix}, \quad \boldsymbol{b} = \begin{pmatrix} 9 \\ -4 \\ 9 \end{pmatrix}$$

soll in eine Fixpunktgleichung überführt werden.

Lösung: Eine einfache Idee ist eine Zerlegung der Matrix: $\boldsymbol{A} = \boldsymbol{I} + \boldsymbol{A} - \boldsymbol{I}$. Dann gilt:

$$\boldsymbol{A}\boldsymbol{x} = \boldsymbol{b} \iff (\boldsymbol{I} + \boldsymbol{A} - \boldsymbol{I})\,\boldsymbol{x} = \boldsymbol{b} \iff \boldsymbol{I}\boldsymbol{x} = (\boldsymbol{I} - \boldsymbol{A})\,\boldsymbol{x} + \boldsymbol{b}.$$

In unserem Beispiel würde das Fixpunktproblem also lauten:

$$\boldsymbol{x} = (\boldsymbol{I} - \boldsymbol{A})\,\boldsymbol{x} + \boldsymbol{b} = \left(\begin{pmatrix} 1 & 0 & 0 \\ 0 & 1 & 0 \\ 0 & 0 & 1 \end{pmatrix} - \begin{pmatrix} 1 & 2 & -1 \\ 4 & -2 & 6 \\ 3 & 1 & 0 \end{pmatrix}\right)\boldsymbol{x} + \begin{pmatrix} 9 \\ -4 \\ 9 \end{pmatrix}$$

$$= \begin{pmatrix} 0 & -2 & 1 \\ -4 & 3 & -6 \\ -3 & -1 & 1 \end{pmatrix}\boldsymbol{x} + \begin{pmatrix} 9 \\ -4 \\ 9 \end{pmatrix}$$

■

Aufgabe

3.15 Formulieren Sie die zugehörige Fixpunktiteration zu der Fixpunktgleichung in Beispiel 3.14. Wählen Sie einen beliebigen Startvektor und iterieren Sie ein paar Schritte. Was beobachten Sie?

In Beispiel 3.14 haben wir die Matrix $\boldsymbol{A}$ additiv zerlegt: $\boldsymbol{A} = \boldsymbol{I} + (\boldsymbol{A} - \boldsymbol{I})$. Angenehm war, dass uns das auf ein zu lösendes System mit $\boldsymbol{I}$ als Koeffizientenmatrix geführt hat. Unangenehm war, dass die Iteration nicht konvergiert. Wir sollten also Ansätze berücksichtigen, die auf ein leicht zu lösendes System führen und gleichzeitig eine konvergente Iteration erzeugen.

> **!** Generell suchen wir additive Zerlegungen der Form:
>
> $$\boldsymbol{A} = \boldsymbol{A}_1 + \boldsymbol{A}_2$$
>
> mit regulärer Matrix $\boldsymbol{A}_1$ von einfacher Struktur

■

Da fällt uns sofort ein, dass A_1 eine Diagonalmatrix oder eine Dreiecksmatrix sein könnte. Beide Ideen führen auf gängige Verfahren:

Definition

Zu lösen sei $\boldsymbol{A}\boldsymbol{x} = \boldsymbol{b}$. $\boldsymbol{A} = (a_{ij})$ sei zerlegt in der Form

$$\boldsymbol{A} = \underbrace{\begin{pmatrix} 0 & \dots & 0 & 0 \\ a_{21} & \ddots & 0 & 0 \\ \vdots & \ddots & \ddots & \vdots \\ a_{n1} & \dots & a_{n,n-1} & 0 \end{pmatrix}}_{=:\boldsymbol{L}} + \underbrace{\begin{pmatrix} a_{11} & 0 & \dots & 0 \\ 0 & a_{22} & \dots & 0 \\ \vdots & \ddots & \ddots & \vdots \\ 0 & 0 & \dots & a_{nn} \end{pmatrix}}_{=:\boldsymbol{D}} + \underbrace{\begin{pmatrix} 0 & a_{12} & \dots & a_{1n} \\ \vdots & \ddots & \ddots & \vdots \\ 0 & 0 & \ddots & a_{n-1,n} \\ 0 & 0 & \dots & 0 \end{pmatrix}}_{=:\boldsymbol{R}} \tag{3.5}$$

Dann heißt die Fixpunktiteration

$$\boldsymbol{D}\boldsymbol{x}^{(n+1)} = -(\boldsymbol{L}+\boldsymbol{R})\,\boldsymbol{x}^{(n)} + \boldsymbol{b} \qquad \text{d. h.}$$

$$\boldsymbol{x}^{(n+1)} = -\boldsymbol{D}^{-1}(\boldsymbol{L}+\boldsymbol{R})\,\boldsymbol{x}^{(n)} + \boldsymbol{D}^{-1}\boldsymbol{b} \tag{3.6}$$

Gesamtschrittverfahren oder **Jacobi-Verfahren**. ■

Beispiel 3.15

Wenden Sie das Gesamtschrittverfahren auf das folgende System an.

$$\boldsymbol{A}\boldsymbol{x} = \boldsymbol{b} \qquad \text{mit} \quad \boldsymbol{A} := \begin{pmatrix} 4 & -1 & 1 \\ -2 & 5 & 1 \\ 1 & -2 & 5 \end{pmatrix}, \quad \boldsymbol{b} := \begin{pmatrix} 5 \\ 11 \\ 12 \end{pmatrix}$$

Lösung: Mit den Bezeichnungen aus (3.5) haben wir:

$$\boldsymbol{L} = \begin{pmatrix} 0 & 0 & 0 \\ -2 & 0 & 0 \\ 1 & -2 & 0 \end{pmatrix}, \quad \boldsymbol{D} = \begin{pmatrix} 4 & 0 & 0 \\ 0 & 5 & 0 \\ 0 & 0 & 5 \end{pmatrix}, \quad \boldsymbol{R} = \begin{pmatrix} 0 & -1 & 1 \\ 0 & 0 & 1 \\ 0 & 0 & 0 \end{pmatrix}.$$

Die Iteration lautet somit:

$$\begin{aligned} \boldsymbol{x}^{(n+1)} &= -\boldsymbol{D}^{-1}((\boldsymbol{L}+\boldsymbol{R})\,\boldsymbol{x}^{(n)} - \boldsymbol{b}) \\ &= -\begin{pmatrix} 0.25 & 0 & 0 \\ 0 & 0.2 & 0 \\ 0 & 0 & 0.2 \end{pmatrix} \left(\begin{pmatrix} 0 & -1 & 1 \\ -2 & 0 & 1 \\ 1 & -2 & 0 \end{pmatrix} \boldsymbol{x}^{(n)} - \begin{pmatrix} 5 \\ 11 \\ 12 \end{pmatrix} \right) \\ &= \begin{pmatrix} 0 & 0.25 & -0.25 \\ 0.4 & 0 & -0.2 \\ -0.2 & 0.4 & 0 \end{pmatrix} \boldsymbol{x}^{(n)} + \begin{pmatrix} 1.25 \\ 2.2 \\ 2.4 \end{pmatrix} \end{aligned}$$

Wir wählen als Startvektor den Nullvektor und erhalten:

i	0	1	2	3	4	5
$\boldsymbol{x}^{(i)}$	$\begin{pmatrix}0\\0\\0\end{pmatrix}$	$\begin{pmatrix}1.25\\2.2\\2.4\end{pmatrix}$	$\begin{pmatrix}1.2\\2.22\\3.03\end{pmatrix}$	$\begin{pmatrix}1.0475\\2.074\\3.048\end{pmatrix}$	$\begin{pmatrix}1.0065\\2.0094\\3.0201\end{pmatrix}$	$\begin{pmatrix}0.997325\\1.99858\\3.00246\end{pmatrix}$

Es sieht so aus, als konvergiere diese Folge gegen $(1,2,3)^\top$, was übrigens die Lösung des System $\boldsymbol{A}\boldsymbol{x} = \boldsymbol{b}$ darstellt. ■

Bemerkung:
Die Iteration wird üblicherweise komponentenweise durchgeführt (und natürlich nicht unter Benutzung einer Inversen). In Beispiel 3.15 lautet die Iteration dann:

$$x_1^{(n+1)} = 0.25\,x_2^{(n)} - 0.25\,x_3^{(n)} + 1.25 \tag{3.7}$$

$$x_2^{(n+1)} = 0.4\,x_1^{(n)} - 0.2\,x_3^{(n)} + 2.2 \tag{3.8}$$

$$x_3^{(n+1)} = -0.2\,x_1^{(n)} + 0.4\,x_2^{(n)} + 2.4 \tag{3.9}$$

Wenn man annimmt, dass der Vektor $\boldsymbol{x}^{(n+1)}$ komponentenweise näher am gesuchten Lösungsvektor als der vorherige $\boldsymbol{x}^{(n)}$ liegt, so fragt man sich, ob es nicht besser wäre, in (3.8) statt $x_1^{(n)}$ gleich die gerade vorher berechnete, vermutlich genauere Komponente $x_1^{(n+1)}$ zu verwenden. Und entsprechend in (3.9) anstelle von $x_1^{(n)}$ und $x_2^{(n)}$ die schon berechneten $x_1^{(n+1)}$ bzw. $x_2^{(n+1)}$ zu verwenden. Dies führt auf die Iteration

$$\begin{aligned}
x_1^{(n+1)} &= 0.25\,x_2^{(n)} - 0.25\,x_3^{(n)} + 1.25\\
x_2^{(n+1)} &= 0.4\,x_1^{(n+1)} - 0.2\,x_3^{(n)} + 2.2\\
x_3^{(n+1)} &= -0.2\,x_1^{(n+1)} + 0.4\,x_2^{(n+1)} + 2.4
\end{aligned}$$

In Vektorschreibweise bedeutet dies nichts anderes als:

$$\begin{aligned}
\boldsymbol{x}^{(n+1)} &= \begin{pmatrix}0 & 0.25 & -0.25\\ 0 & 0 & -0.2\\ 0 & 0 & 0\end{pmatrix}\boldsymbol{x}^{(n)} + \begin{pmatrix}0 & 0 & 0\\ 0.4 & 0 & 0\\ -0.2 & 0.4 & 0\end{pmatrix}\boldsymbol{x}^{(n+1)} + \begin{pmatrix}1.25\\2.2\\2.4\end{pmatrix}\\
&= -\boldsymbol{D}^{-1}(\boldsymbol{L}\boldsymbol{x}^{(n+1)} + \boldsymbol{R}\boldsymbol{x}^{(n)} - \boldsymbol{b})\\
&\iff \boldsymbol{D}\boldsymbol{x}^{(n+1)} = -\boldsymbol{L}\boldsymbol{x}^{(n+1)} - \boldsymbol{R}\boldsymbol{x}^{(n)} + \boldsymbol{b}\\
&\iff (\boldsymbol{D}+\boldsymbol{L})\,\boldsymbol{x}^{(n+1)} = -\boldsymbol{R}\boldsymbol{x}^{(n)} + \boldsymbol{b}
\end{aligned}$$

Dies ist in der Tat ein sinnvolles Verfahren.

Definition

Zu lösen sei $\boldsymbol{Ax} = \boldsymbol{b}$. $\boldsymbol{A} = (a_{ij})$ sei zerlegt wie in (3.5).
Die Fixpunktiteration

$$(\boldsymbol{D}+\boldsymbol{L})\,\boldsymbol{x}^{(n+1)} = -\boldsymbol{R}\,\boldsymbol{x}^{(n)} + \boldsymbol{b} \quad \text{d. h.}$$
$$\boldsymbol{x}^{(n+1)} = -(\boldsymbol{D}+\boldsymbol{L})^{-1}\boldsymbol{R}\,\boldsymbol{x}^{(n)} + (\boldsymbol{D}+\boldsymbol{L})^{-1}\boldsymbol{b} \tag{3.10}$$

heißt **Einzelschrittverfahren** oder **Gauß-Seidel-Verfahren**. ■

Beispiel 3.16
Das Einzelschrittverfahren soll auf das System aus Beispiel 3.15 angewandt werden.

Lösung: Wir haben oben schon die Iterationsvorschrift hergeleitet:

$$\begin{pmatrix} 4 & 0 & 0 \\ -2 & 5 & 0 \\ 1 & -2 & 5 \end{pmatrix} \boldsymbol{x}^{(n+1)} = -\begin{pmatrix} 0 & -1 & 1 \\ 0 & 0 & 1 \\ 0 & 0 & 0 \end{pmatrix} \boldsymbol{x}^{(n)} + \begin{pmatrix} 5 \\ 11 \\ 12 \end{pmatrix}$$

Wir wählen als Startvektor den Nullvektor und erhalten:

i	0	1	2	3	4
$\boldsymbol{x}^{(i)}$	$\begin{pmatrix} 0 \\ 0 \\ 0 \end{pmatrix}$	$\begin{pmatrix} 1.25 \\ 2.7 \\ 3.23 \end{pmatrix}$	$\begin{pmatrix} 1.1175 \\ 2.001 \\ 2.9769 \end{pmatrix}$	$\begin{pmatrix} 1.006025 \\ 2.00703 \\ 3.001607 \end{pmatrix}$	$\begin{pmatrix} 1.00135575 \\ 2.0002209 \\ 2.99981721 \end{pmatrix}$

Es sieht so aus, als konvergiere diese Folge gegen die Lösung des Systems $(1,2,3)^{\top}$ und zwar wie erwartet schneller als die mit dem Gesamtschrittverfahren erzeugte. ■

Natürlich wird man bei der Anwendung von Gesamt- oder Einzelschrittverfahren nie eine Inverse berechnen. Wir haben schon gelernt, dass die $\boldsymbol{x}^{(n+1)}$ als Lösung eines linearen Gleichungssystems berechnet werden. Im Falle des Einzelschrittverfahrens geschieht dies durch Vorwärtseinsetzen.

In Abschnitt 2.3 haben wir den Banachschen Fixpunktsatz verwendet um Konvergenz und Fehlerabschätzungen für Fixpunktiterationen in $\mathbb{R}$ zu erhalten. Prinzipiell ist das auch im $\mathbb{R}^n$ möglich, wenn man eine Norm anstelle des Betrags verwendet.

!

Gegeben sei eine Fixpunktiteration

$$\boldsymbol{x}^{(n+1)} = \boldsymbol{B}\,\boldsymbol{x}^{(n)} + \boldsymbol{b} =: \boldsymbol{F}(\boldsymbol{x}^{(n)}), \tag{3.11}$$

wobei $\boldsymbol{B}$ eine $n \times n$-Matrix ist und $\boldsymbol{b} \in \mathbb{R}^n$. Weiter sei $\|.\|$ eine der zu Beginn dieses Abschnitts definierten Vektornormen und $\bar{\boldsymbol{x}} \in \mathbb{R}^n$ erfülle $\bar{\boldsymbol{x}} = \boldsymbol{B}\bar{\boldsymbol{x}} + \boldsymbol{b} = \boldsymbol{F}(\bar{\boldsymbol{x}})$. Dann heißt $\bar{\boldsymbol{x}}$ **anziehender Fixpunkt**, falls $\|\boldsymbol{B}\| < 1$ gilt. ■

Konvergenz der Fixpunktiteration und Fehlerabschätzung
Gegeben sei die Fixpunktiteration (3.11) und $\bar{\boldsymbol{x}} \in \mathbf{R}^n$ ein bez. der Norm $\|.\|$ anziehender Fixpunkt. Dann konvergiert die Fixpunktiteration für alle Startvektoren $\boldsymbol{x}^{(0)} \in \mathbf{R}^n$ gegen $\bar{\boldsymbol{x}}$ und es gelten für alle n die Abschätzungen

$$\|\boldsymbol{x}^{(n)} - \bar{\boldsymbol{x}}\| \leq \frac{\|\boldsymbol{B}\|}{1 - \|\boldsymbol{B}\|} \|\boldsymbol{x}^{(n)} - \boldsymbol{x}^{(n-1)}\| \qquad \textbf{a-posteriori} \qquad (3.12)$$

$$\|\boldsymbol{x}^{(n)} - \bar{\boldsymbol{x}}\| \leq \frac{\|\boldsymbol{B}\|^n}{1 - \|\boldsymbol{B}\|} \|\boldsymbol{x}^{(1)} - \boldsymbol{x}^{(0)}\| \qquad \textbf{a-priori} \qquad (3.13)$$

■

Wenn also ein bez. einer Norm anziehender Fixpunkt vorliegt, konvergiert die Fixpunktiteration und wir haben für diese Norm Fehlerabschätzungen zur Verfügung. Wegen der Äquivalenz der Normen konvergiert die Iteration dann auch für alle anderen Normen. Wir wollen nun Formeln herleiten, mit den wir prüfen können, ob $\|\boldsymbol{B}\| < 1$ für das Gesamtschrittverfahren erfüllt ist.
Wir betrachten also $\boldsymbol{A}\boldsymbol{x} = \boldsymbol{b}$ und die zugehörige Matrix $\boldsymbol{B}$ aus (3.6). Für das Gesamtschrittverfahren ist $\boldsymbol{B} = -\boldsymbol{D}^{-1}(\boldsymbol{L} + \boldsymbol{R})$. Wir wählen zunächst die ∞-Norm. Damit folgt

$$\|\boldsymbol{B}\|_\infty = \|\boldsymbol{D}^{-1}(\boldsymbol{L}+\boldsymbol{R})\|_\infty = \max_{i=1,\dots,n} \sum_{\substack{j=1\\j\neq i}}^{n} \frac{|a_{ij}|}{|a_{ii}|} = \max_{i=1,\dots,n} \frac{1}{|a_{ii}|} \sum_{\substack{j=1\\j\neq i}}^{n} |a_{ij}|.$$

Falls $\|\boldsymbol{B}\|_\infty < 1$, so ist Konvergenz des Gesamtschrittverfahrens garantiert. Dies bedeutet:

$$\sum_{\substack{j=1\\j\neq i}}^{n} |a_{ij}| < |a_{ii}|, \quad \text{für alle } i = 1, \dots, n$$

das sog. **Zeilensummenkriterium**. Matrizen, die diese Bedingung erfüllen, nennt man auch **diagonaldominant**.
Für die 1-Norm erhalten wir analog:

$$\|\boldsymbol{B}\|_1 = \|\boldsymbol{D}^{-1}(\boldsymbol{L}+\boldsymbol{R})\|_1 = \max_{j=1,\dots,n} \sum_{\substack{i=1\\i\neq j}}^{n} \frac{|a_{ij}|}{|a_{ii}|}$$

Beispiel 3.17
Prüfen Sie, ob das Gesamtschrittverfahren in Beispiel 3.15 konvergiert. Schätzen Sie den Fehler des Vektors $\boldsymbol{x}^{(5)}$ ab. Wie viele Schritte mit dem Gesamtschrittverfahren sollten Sie rechnen, damit der berechnete Näherungvektor in jeder Komponente um max. 10^{-4} von der exakten Lösung $\bar{\boldsymbol{x}} = (1,2,3)^\top$ abweicht? Vergleichen Sie Ihre Fehlerabschätzungen mit den wirklichen Gegebenheiten.

Lösung: Wir prüfen, ob die Matrix $\boldsymbol{A}$ das Zeilensummenkriterium erfüllt:

$$\boldsymbol{A} = \begin{pmatrix} 4 & -1 & 1 \\ -2 & 5 & 1 \\ 1 & -2 & 5 \end{pmatrix} \Longrightarrow \sum_{\substack{j=1 \\ j\neq i}}^{n} |a_{ij}| = \begin{cases} 2 & i=1 \\ 3 & i=2 \\ 3 & i=3 \end{cases} < \begin{cases} 4 & i=1 \\ 5 & i=2 \\ 5 & i=3 \end{cases}$$

Damit ist die Konvergenz des Gesamtschrittverfahrens garantiert. Für die Fehlerabschätzungen in der ∞-Norm wird der Faktor

$$\|\boldsymbol{B}\|_\infty = \max\left\{\tfrac{2}{4}, \tfrac{3}{5}, \tfrac{3}{5}\right\} = 0.6$$

benötigt. Wir verwenden nun die a-posteriori-Abschätzung (3.12) mit $n = 5$:

$$\begin{aligned} \|\boldsymbol{x}^{(5)} - \bar{\boldsymbol{x}}\|_\infty &\leq \frac{\|\boldsymbol{B}\|_\infty}{1 - \|\boldsymbol{B}\|_\infty} \cdot \|\boldsymbol{x}^{(5)} - \boldsymbol{x}^{(4)}\|_\infty = \frac{0.6}{0.4} \|\boldsymbol{x}^{(5)} - \boldsymbol{x}^{(4)}\|_\infty \\ &\leq 1.5 \cdot \max\{0.009175, 0.01082, 0.01764\} = 0.02646. \end{aligned}$$

Der wirkliche Fehler von $\boldsymbol{x}^{(5)}$ ist:

$$\|\boldsymbol{x}^{(5)} - \bar{\boldsymbol{x}}\|_\infty = \max\{0.002675, 0.00142, 0.00246\} = 0.002675,$$

und ist damit etwa 10-mal kleiner als unsere Abschätzung suggeriert.
Die Forderung, dass der Fehler in jeder Komponente max. 10^{-4} sei, bedeutet nichts anderes als $\|\boldsymbol{x}^{(n)} - \bar{\boldsymbol{x}}\|_\infty \leq 10^{-4}$. Mit der a-priori-Abschätzung (3.13), ausgehend von $\boldsymbol{x}^{(0)}$, erhalten wir:

$$\|\boldsymbol{x}^{(n)} - \bar{\boldsymbol{x}}\|_\infty \leq \frac{0.6^n}{0.4} \cdot \|\boldsymbol{x}^{(1)} - \boldsymbol{x}^{(0)}\|_\infty = \frac{0.6^n}{0.4} \cdot 2.4 \overset{!}{\leq} 10^{-4}$$

$$\Longleftrightarrow 0.6^n \leq \frac{1}{6} \cdot 10^{-4} \Longleftrightarrow n \geq \frac{\log(\frac{1}{6} \cdot 10^{-4})}{\log 0.6} = 21.53\ldots$$

Ab $\boldsymbol{x}^{(22)}$ würden die Iterierten also der Genauigkeitsforderung genügen. Da wir aber möglichst wenig rechnen wollen, und $\boldsymbol{x}^{(5)}$ schon berechnet haben, führen wir die obige Rechnung einfach nochmals mit $\boldsymbol{x}^{(5)}$ anstelle von $\boldsymbol{x}^{(0)}$ durch. Wir erhalten dann die Anzahl der Schritte, die wir von $\boldsymbol{x}^{(5)}$ aus durchzuführen haben. Da die Genauigkeit dieser Abschätzung größer sein sollte, hoffen wir, dass die Genauigkeitsforderung vielleicht schon früher als $\boldsymbol{x}^{(22)}$ erfüllt ist:

$$\|\boldsymbol{x}^{(n)} - \bar{\boldsymbol{x}}\|_\infty \leq \frac{0.6^{n-4}}{0.4} \cdot \|\boldsymbol{x}^{(5)} - \boldsymbol{x}^{(4)}\|_\infty = \frac{0.6^{n-4}}{0.4} \cdot 0.01764 \overset{!}{\leq} 10^{-4}$$

$$\Longleftrightarrow n - 4 \geq 11.92$$

Also erfüllt auch schon $\boldsymbol{x}^{(16)}$ die Genauigkeitsforderung. Die Rechnung ergibt $\boldsymbol{x}^{(16)} = (1.000000016, 1.999999991, 3.000000013)^\top$ und damit $\|\boldsymbol{x}^{(16)} - \bar{\boldsymbol{x}}\|_\infty = 1.6 \cdot 10^{-8}$. ■

Es kann passieren, dass $\|\boldsymbol{B}\|_1 < 1$ gilt (also Konvergenz vorliegt), aber $\|\boldsymbol{B}\|_\infty > 1$ ist. Konvergenz bleibt Konvergenz, aber in diesem Fall ist für $\|.\|_\infty$ keine Fehlerabschätzung der obigen Form möglich (man sieht ja, dass die rechte Seite negativ würde).

Auch der umgekehrte Fall kann auftreten. Beide Kriterien sind nur hinreichende Kriterien für die Konvergenz obiger Verfahren. Ein notwendiges und hinreichendes Kriterium für Konvergenz ist, dass der Spektralradius $\rho(\boldsymbol{B}) < 1$ (siehe (3.1)) ist, wobei $\boldsymbol{B}$ die Iterationsmatrix in (3.11) ist. So konvergiert z. B. das Einzelschrittverfahren für alle symmetrischen positiv definiten Matrizen $\boldsymbol{A}$ (siehe z. B. [6]).

Beispiel 3.18

Es soll für die Matrix $\boldsymbol{A} = \begin{pmatrix} 5 & -3 & 1 \\ 1 & 3 & 0 \\ 1 & 4 & 8 \end{pmatrix}$ geprüft werden, ob mithilfe der 1- oder der ∞-Norm auf Konvergenz des Gesamtschrittverfahrens geschlossen werden kann.

Lösung: Wir betrachten zuerst die ∞-Norm:

$$\|\boldsymbol{B}\|_\infty = \max_{i=1,\dots,n} \frac{1}{|a_{ii}|} \sum_{\substack{j=1 \\ j\neq i}}^{n} |a_{ij}| = \max\left\{\frac{1}{5}(|-3|+1), \frac{1}{3}(1+0), \frac{1}{8}(1+4)\right\} = \frac{4}{5} < 1.$$

Das Konvergenzkriterium ist also erfüllt, wir wissen damit, dass das Gesamtschrittverfahren konvergiert und haben die Fehlerabschätzungen in der ∞-Norm zur Verfügung.

Nun zur 1-Norm:

$$\|\boldsymbol{B}\|_1 = \max_{j=1,\dots,n} \sum_{\substack{i=1 \\ i\neq j}}^{n} \frac{|a_{ij}|}{|a_{ii}|} = \max\left\{\frac{1}{3}+\frac{1}{8}, \frac{|-3|}{5}+\frac{4}{8}, \frac{1}{5}+0\right\} = 1.1 > 1.$$

Für die 1-Norm ist also die Konvergenzbedingung nicht erfüllt. Das Gesamtschrittverfahren konvergiert aber trotzdem, wie wir schon wissen. Wir haben aber in der 1-Norm keine Fehlerabschätzungen zur Verfügung. ■

Analog zum Zeilensummenkriterium gibt es noch das **Spaltensummenkriterium**:

$$\sum_{\substack{i=1 \\ i\neq j}}^{n} |a_{ij}| < |a_{jj}|, \quad \text{für alle } j = 1, \dots, n.$$

Auch dieses garantiert Konvergenz des Gesamtschrittverfahrens. Einen Nachweis findet man z. B. in [6].

Das Einzelschrittverfahren hat, wie wir wissen, die Iterationsmatrix $\boldsymbol{B} = -(\boldsymbol{D}+\boldsymbol{L})^{-1}\boldsymbol{R}$. Man kann zeigen (siehe z. B. [6]), dass $\|\boldsymbol{B}\|_\infty \le \|\boldsymbol{D}^{-1}(\boldsymbol{L}+\boldsymbol{R})\|_\infty$. Beide Kriterien garantieren die Konvergenz sowohl von Gesamtschrittverfahren als auch von Einzelschrittverfahren.

Falls A

- das **Zeilensummenkriterium** $\sum_{\substack{j=1\\j\neq i}}^{n} |a_{ij}| < |a_{ii}|$ für alle $i = 1,\ldots,n$ oder
- das **Spaltensummenkriterium** $\sum_{\substack{i=1\\i\neq j}}^{n} |a_{ij}| < |a_{jj}|$ für alle $j = 1,\ldots,n$.

erfüllt, so konvergiert das Gesamtschrittverfahren und auch das Einzelschrittverfahren für $\boldsymbol{A}\boldsymbol{x} = \boldsymbol{b}$.

■

Aufgabe

3.16 Bearbeiten Sie die Aufgabenstellung aus Beispiel 3.17 noch einmal, aber mit dem Einzelschrittverfahren anstelle des Gesamtschrittverfahrens und mit dem Näherungsvektor $\boldsymbol{x}^{(4)}$, der schon in Beispiel 3.16 berechnet wurde.

Wahr oder falsch?

3.17 Der Gauß-Algorithmus führt immer auf eine rechts-obere Dreiecksmatrix, in der alle Diagonalelemente ungleich Null sind.

3.18 Wenn der Gauß-Algorithmus auf eine Dreiecksmatrix führt, in der alle Diagonalelemente ungleich Null sind, so ist das zugehörige Gleichungssystem immer eindeutig lösbar, egal wie die rechte Seite $\boldsymbol{b}$ aussieht.

3.19 Wenn der Gauß-Algorithmus für ein Gleichungssystem $\boldsymbol{A}\boldsymbol{x} = \boldsymbol{b}$ durchführbar ist, so ist er auch für $\boldsymbol{A}\boldsymbol{x} = \boldsymbol{c}$ mit beliebiger rechter Seite $\boldsymbol{c}$ durchführbar.

3.20 Falls für eine Matrix $\boldsymbol{A}$ eine rechts-obere Dreiecksmatrix $\boldsymbol{R}$ existiert, sodass $\boldsymbol{A} = \boldsymbol{R}^\top\boldsymbol{R}$ gilt, ist $\boldsymbol{A}$ positiv definit.

3.21 Wenn für eine Matrix $\boldsymbol{A}$ das Konvergenzkriterium für das Gesamtschrittverfahren in der ∞-Norm erfüllt ist, so muss es wegen der Äquivalenz der Normen auch in der 1-Norm erfüllt sein.

In diesem Kapitel haben wir

- den Gauß-Algorithmus zur Lösung linearer Gleichungssysteme kennengelernt und seine Eigenschaften ausführlich untersucht, u.a. auch die Fehlerfortpflanzung,
- als weitere direkte Verfahren verschiedene Dreieckszerlegungen von Matrizen betrachtet: LR-, Cholesky- und QR-Zerlegung, sowie deren Anwendbarkeit,
- Fehlerabschätzungen für die Lösung von linearen Gleichungssystemen formuliert,
- gesehen, wie man verschiedene Vektornormen einsetzen kann,
- als Beispiele für iterative Verfahren das Gesamtschritt- und das Einzelschrittverfahren betrachtet und Konvergenzkriterien formuliert.

■

4 Numerische Lösung nichtlinearer Gleichungssysteme

4.1 Problemstellung

In Kapitel 2 haben wir Gleichungen der Form $f(x) = 0$ gelöst; hierbei war f eine Funktion mit $f : \mathbf{R} \longrightarrow \mathbf{R}$. Vielfach ist jedoch nicht nur eine Gleichung mit einer Unbekannten zu lösen, sondern n Gleichungen mit n Unbekannten, also ein System von Gleichungen. In Kapitel 3 haben wir diese Problemstellung bereits für den Fall untersucht, dass die Gleichungen linear sind.

Definition

Gegeben sei $n \in \mathbb{N}$ und $\boldsymbol{f} : \mathbf{R}^n \longrightarrow \mathbf{R}^n$. Gesucht ist ein Vektor $\bar{\boldsymbol{x}} \in \mathbf{R}^n$ mit $\boldsymbol{f}(\bar{\boldsymbol{x}}) = \boldsymbol{o}$. Nach Komponenten aufgeschlüsselt bedeutet dies:
Gegeben sind die n Funktionen $f_i : \mathbf{R}^n \longrightarrow \mathbf{R}$, die die Komponenten von $\boldsymbol{f}$ bilden. Gesucht ist ein Vektor $\bar{\boldsymbol{x}} \in \mathbf{R}^n$ mit $f_i(\bar{\boldsymbol{x}}) = 0$ für $i = 1, \ldots, n$. $\bar{\boldsymbol{x}} \in \mathbf{R}^n$ heißt dann eine Lösung des **Gleichungssystems**

$$\boldsymbol{f}(\boldsymbol{x}) = \boldsymbol{f}(x_1, \ldots, x_n) = \begin{pmatrix} f_1(x_1, \ldots, x_n) \\ f_2(x_1, \ldots, x_n) \\ \cdots \\ f_n(x_1, \ldots, x_n) \end{pmatrix} = \begin{pmatrix} 0 \\ 0 \\ \vdots \\ 0 \end{pmatrix}$$

■

Für lineare Gleichungssysteme hatten wir schon in Kapitel 3 Lösbarkeit und verschiedene numerische Verfahren diskutiert. Die Frage nach der Lösbarkeit und ggf. nach der Anzahl der Lösungen ist aber im Falle nichtlinearer Gleichungssysteme erheblich schwieriger zu beantworten als bei linearen Gleichungssystemen. Es gibt keine einfachen Methoden zu prüfen, ob ein nichtlineares Gleichungssystem lösbar ist und wenn ja, wie viele Lösungen es gibt.

Beispiel 4.1
Zu lösen ist

$$\boldsymbol{f}(x_1,x_2) := \begin{pmatrix} f_1(x_1,x_2) \\ f_2(x_1,x_2) \end{pmatrix} = \begin{pmatrix} 2\,x_1 + 4\,x_2 \\ 8\,x_2^3 + 4\,x_1 \end{pmatrix} = \boldsymbol{o}.$$

Der Term x_2^3 in f_2 lässt erkennen, dass es sich um ein nichtlineares Gleichungssystem handelt.

Lösung: Durch Umstellen und Einsetzen findet man, dass es genau drei Lösungen gibt, nämlich $(0,0)$, $(-2,1)$, $(2,-1)$.
In diesem Fall kann man die Lösungsmengen der beiden Gleichungen auch skizzieren und aus der Schnittmenge die Lösung näherungsweise ablesen. Wir haben dabei die Achsen vertauscht.

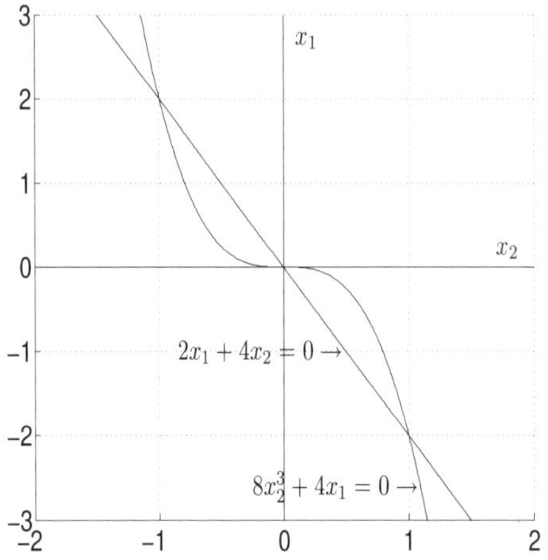

Bild 4.1 Lösungsmengen der beiden Gleichungen

■

In Kapitel 2 hatten wir schon den Fall $n = 1$ (nur eine Gleichung) behandelt. Es liegt daher nahe, die dort vorgestellten Verfahren noch einmal zu betrachten und zu prüfen, ob sie auf den Fall eines Gleichungssystems übertragbar sind.

4.2 Das Newton-Verfahren für Systeme

Um Nullstellen von Funktionen $f : \mathbb{R} \longrightarrow \mathbb{R}$ näherungsweise zu bestimmen haben wir schon in Kapitel 2 das Newton-Verfahren kennengelernt:

$$x_{n+1} = x_n - \frac{f(x_n)}{f'(x_n)}.$$

Es entstand aus der Linearisierung von f an der Stelle x_n:

$$f(x) \approx f(x_n) + f'(x_n) \cdot (x - x_n).$$

Eine entsprechende Linearisierung ist ebenfalls für $\boldsymbol{f} : \mathbb{R}^N \longrightarrow \mathbb{R}^N$ möglich. Wir bezeichnen im Folgenden den schon berechneten Näherungsvektor mit $\boldsymbol{x}^{(n)}$. In der Linearisierung muss die Ableitung $f'(x_n)$ ersetzt werden durch die sog. Jacobi-Matrix von $\boldsymbol{f}$ an der Stelle $\boldsymbol{x}^{(n)}$. Die Jacobi-Matrix ist die Matrix der partiellen Ableitungen von $\boldsymbol{f}$, sie hat allgemein die Form

$$\boldsymbol{Df}(\boldsymbol{x}) := \begin{pmatrix} \frac{\partial f_1}{\partial x_1}(\boldsymbol{x}) & \frac{\partial f_1}{\partial x_2}(\boldsymbol{x}) & \cdots & \frac{\partial f_1}{\partial x_n}(\boldsymbol{x}) \\ \frac{\partial f_2}{\partial x_1}(\boldsymbol{x}) & \frac{\partial f_2}{\partial x_2}(\boldsymbol{x}) & \cdots & \frac{\partial f_2}{\partial x_n}(\boldsymbol{x}) \\ \vdots & \vdots & & \vdots \\ \frac{\partial f_n}{\partial x_1}(\boldsymbol{x}) & \frac{\partial f_n}{\partial x_2}(\boldsymbol{x}) & \cdots & \frac{\partial f_n}{\partial x_n}(\boldsymbol{x}) \end{pmatrix} \tag{4.1}$$

Unter Benutzung der Jacobi-Matrix können wir dann $\boldsymbol{f}$ an der Stelle $\boldsymbol{x}^{(n)}$ linearisieren

$$\boldsymbol{f}(\boldsymbol{x}) \approx \boldsymbol{f}(\boldsymbol{x}^{(n)}) + \boldsymbol{Df}(\boldsymbol{x}^{(n)}) \cdot (\boldsymbol{x} - \boldsymbol{x}^{(n)}).$$

Wir suchen nun eine Nullstelle $\boldsymbol{x}$ der rechten Seite, d. h.

$$\boldsymbol{f}(\boldsymbol{x}^{(n)}) + \boldsymbol{Df}(\boldsymbol{x}^{(n)}) \cdot (\boldsymbol{x} - \boldsymbol{x}^{(n)}) = \boldsymbol{o}$$

Die Idee ist wiederum, dass dieser Vektor $\boldsymbol{x}$ eine genauere Näherung für die exakte Nullstelle von $\boldsymbol{f}$ ist als $\boldsymbol{x}^{(n)}$. Die Iterationsvorschrift lautet demnach:

$$\boldsymbol{x}^{(n+1)} = \boldsymbol{x}^{(n)} - \left(\boldsymbol{Df}(\boldsymbol{x}^{(n)})\right)^{-1} \boldsymbol{f}(\boldsymbol{x}^{(n)}).$$

Wir werden dabei aber nie die Inverse der Jacobi-Matrix ausrechnen, sondern die Formulierung als Lösung eines linearen Gleichungssystems verwenden.

Das Newton-Verfahren

Gesucht sind Nullstellen von $\boldsymbol{f} : \mathbb{R}^N \longrightarrow \mathbb{R}^N$. Sei $\boldsymbol{x}^{(0)}$ ein Startvektor in der Nähe dieser Nullstelle. Das **Newton-Verfahren** zur näherungsweisen Bestimmung dieser Nullstelle lautet dann

Für $n = 0, 1, \ldots$:

- Berechne $\boldsymbol{\delta}^{(n)}$ als Lösung des linearen Gleichungssystems

$$\boldsymbol{Df}(\boldsymbol{x}^{(n)})\,\boldsymbol{\delta}^{(n)} = -\boldsymbol{f}(\boldsymbol{x}^{(n)}).$$

- Setze $\quad \boldsymbol{x}^{(n+1)} := \boldsymbol{x}^{(n)} + \boldsymbol{\delta}^{(n)}$.

■

Beispiel 4.2

Auf das nichtlineare Gleichungssystem aus Beispiel 4.1 soll das Newton-Verfahren angewandt werden.

Lösung: Wir haben

$$\boldsymbol{f}(x_1, x_2) = \begin{pmatrix} 2\,x_1 + 4\,x_2 \\ 8\,x_2^3 + 4\,x_1 \end{pmatrix} \qquad \text{also} \quad \boldsymbol{Df}(x_1, x_2) = \begin{pmatrix} 2 & 4 \\ 4 & 24\,x_2^2 \end{pmatrix}$$

Wir wählen als Startvektor $\boldsymbol{x}^{(0)} = \begin{pmatrix} 4 \\ 2 \end{pmatrix}$ und berechnen davon ausgehend die vom Newton-Verfahren generierten Vektoren. Zu lösen ist zunächst

$$\boldsymbol{Df}(4,2)\,\boldsymbol{\delta}^{(0)} = -\boldsymbol{f}(4,2) \Longleftrightarrow \begin{pmatrix} 2 & 4 \\ 4 & 96 \end{pmatrix} \boldsymbol{\delta}^{(0)} = -\begin{pmatrix} 16 \\ 80 \end{pmatrix} \Longleftrightarrow \boldsymbol{\delta}^{(0)} = \begin{pmatrix} -\dfrac{76}{11} \\ -\dfrac{6}{11} \end{pmatrix}$$

Damit haben wir nach einem Newton-Schritt

$$\boldsymbol{x}^{(1)} = \boldsymbol{x}^{(0)} + \boldsymbol{\delta}^{(0)} = \begin{pmatrix} -\dfrac{32}{11} \\ \dfrac{16}{11} \end{pmatrix} = \begin{pmatrix} -2.909\ldots \\ 1.4545\ldots \end{pmatrix}$$

Die weiteren Iterierten sind, bei 10-stelliger dezimaler Gleitpunktarithmetik (wir geben nur die führenden Nachkommastellen an)

i	0	1	2	3	4
$\boldsymbol{x}^{(i)}$	$\begin{pmatrix} 4 \\ 2 \end{pmatrix}$	$\begin{pmatrix} -2.909 \\ 1.455 \end{pmatrix}$	$\begin{pmatrix} -2.302 \\ 1.151 \end{pmatrix}$	$\begin{pmatrix} -2.051 \\ 1.025 \end{pmatrix}$	$\begin{pmatrix} -2.0018 \\ 1.0009 \end{pmatrix}$

Offensichtlich konvergiert die Folge gegen $(-2, 1)^\top$, was auch eine der drei Nullstellen von $\boldsymbol{f}$ ist. ■

Aufgabe

4.1 Finden Sie für Beispiel 4.2 Startvektoren $\boldsymbol{x}^{(0)}$, sodass das Newton-Verfahren mit diesen Startvektoren jeweils gegen die beiden anderen Nullstellen von $\boldsymbol{f}$ konvergiert.

In Beispiel 4.2 und Aufgabe 4.1 sieht man, dass das Newton-Verfahren konvergiert, wenn der Startvektor nahe genug an einer Nullstelle ist. Es gilt allgemein:

> Das Newton-Verfahren konvergiert quadratisch für nahe genug an einer Nullstelle $\bar{x}$ liegende Startvektoren, wenn $\boldsymbol{Df}(\bar{x})$ regulär und $\boldsymbol{f}$ dreimal stetig differenzierbar ist. ■

Bemerkungen:

- Durch eine Schrittweitendämpfung kann eine Verbesserung der Konvergenz erzielt werden; man spricht dann vom **gedämpften Newton-Verfahren**. Wir stellen eine Variante davon in Kapitel 6 vor und gehen daher an dieser Stelle nicht weiter darauf ein. Weitere Strategien findet man z. B. in [8].
- Als Abbruchkriterium der Newton-Iteration kann $\|\boldsymbol{\delta}^{(n)}\| < TOL$ für eine Norm $\|.\|$ herangezogen werden. Verwendet man dabei die ∞-Norm, so bricht die Iteration dann ab, wenn sich zwei aufeinanderfolgende Iterierte in jeder Komponente um nicht mehr als TOL unterscheiden. Dies ist allerdings kein Nachweis dafür, dass die berechnete Näherung einen Abstand von höchstens TOL zu einer Nullstelle besitzt.

Beim Newton-Verfahren muss in jedem Schritt die Jacobi-Matrix von $\boldsymbol{f}$ ausgewertet werden, und mit dieser Matrix ein lineares Gleichungssystem gelöst werden. In der Praxis ersetzt man oft die partiellen Ableitungen in der Jacobi-Matrix durch Differenzenformeln (siehe Kapitel 7). So kann z. B. die i-te Spalte der Jacobi-Matrix $\boldsymbol{Df}(\boldsymbol{x}^{(n)})$ durch

$$\frac{\boldsymbol{f}(\boldsymbol{x}^{(n)} + h\,\boldsymbol{e}_i) - \boldsymbol{f}(\boldsymbol{x}^{(n)})}{h}$$

mit geeigneter Wahl von h ersetzt werden (hierbei ist $\boldsymbol{e}_i$ der i-te Einheitsvektor für $i = 1, \ldots, n$).

Der Aufwand pro Schritt kann reduziert werden, wenn man nicht in jedem Schritt die Jacobi-Matrix $\boldsymbol{Df}$ an der aktuellen Stelle auswertet, sondern stets $\boldsymbol{Df}(\boldsymbol{x}^{(0)})$ benutzt. Dies ist das sog. **vereinfachte Newton-Verfahren**:

Für $n = 0, 1, \ldots$:

- Berechne $\boldsymbol{\delta}^{(n)}$ als Lösung des linearen Gleichungssystems

$$\boldsymbol{Df}(\boldsymbol{x}^{(0)})\,\boldsymbol{\delta}^{(n)} = -\boldsymbol{f}(\boldsymbol{x}^{(n)}).$$

- Setze $\quad \boldsymbol{x}^{(n+1)} := \boldsymbol{x}^{(n)} + \boldsymbol{\delta}^{(n)}$.

Durch die Vereinfachung geht aber die quadratische Konvergenz verloren; das vereinfachte Newton-Verfahren konvergiert nur noch linear.

Beispiel 4.3
Das vereinfachte Newton-Verfahren ist auf Beispiel 4.2 anzuwenden.

Lösung: Wir wählen als Startvektor wieder $\boldsymbol{x}^{(0)} = \begin{pmatrix} 4 \\ 2 \end{pmatrix}$. Der erste Schritt des vereinfachten Newton-Verfahrens ist identisch mit dem ersten Schritt des Newton-Verfahrens. Im zweiten Schritt verwenden wir erneut die Jacobi-Matrix aus dem ersten Schritt; es ist also zu lösen

$$\boldsymbol{Df}(\boldsymbol{x}^{(0)})\,\boldsymbol{\delta}^{(1)} = \boldsymbol{Df}(4,2)\,\boldsymbol{\delta}^{(1)} = -\boldsymbol{f}(\boldsymbol{x}^{(1)}) = -\boldsymbol{f}(-2.909, 1.455)$$

$$\iff \begin{pmatrix} 2 & 4 \\ 4 & 96 \end{pmatrix} \boldsymbol{\delta}^{(1)} = -\begin{pmatrix} 0.00 \\ -12.98 \end{pmatrix} \iff \boldsymbol{\delta}^{(1)} = \begin{pmatrix} 0.2951 \\ -0.1475 \end{pmatrix}$$

Damit haben wir nach einem Newton-Schritt. $\quad \boldsymbol{x}^{(2)} = \boldsymbol{x}^{(1)} + \boldsymbol{\delta}^{(1)} = \begin{pmatrix} -2.614 \\ 1.307 \end{pmatrix}$

Einige weitere Iterierte:

i	0	1	2	5	10
$\boldsymbol{x}^{(i)}$	$\begin{pmatrix} 4 \\ 2 \end{pmatrix}$	$\begin{pmatrix} -2.909 \\ 1.455 \end{pmatrix}$	$\begin{pmatrix} -2.614 \\ 1.307 \end{pmatrix}$	$\begin{pmatrix} -2.258 \\ 1.129 \end{pmatrix}$	$\begin{pmatrix} -2.0817 \\ 1.041 \end{pmatrix}$

Offensichtlich konvergiert die Folge gegen $(-2,1)^\top$, jedoch deutlich langsamer als das Newton-Verfahren. ∎

Aufgabe

4.2 Rechnen Sie Aufgabe 4.1 noch einmal mit dem vereinfachten Newton-Verfahren.

Auch Fixpunktiterationen, wie wir sie in Abschnitt 2.3 kennengelernt haben, sind für die Lösung nichtlinearer Gleichungssysteme einsetzbar. Die Begriffe aus der eindimensionalen Situation übertragen sich entsprechend auf die mehrdimensionale. Anstelle von $F'(x)$ tritt wieder die Jacobi-Matrix $\boldsymbol{DF}(\boldsymbol{x})$. Ein Fixpunkt $\bar{\boldsymbol{x}}$ von F ist anziehend, wenn $\|\boldsymbol{DF}(\bar{\boldsymbol{x}})\| < 1$ für eine Norm $\|.\|$ gilt. Im Fall eines anziehenden Fixpunktes konvergiert die Fixpunktiteration lokal gegen diesen. Wenn die Voraussetzungen der mehrdimensionalen Version des Banachschen Fixpunktsatzes erfüllt sind, hat man auch a-priori- und a-posteriori-Fehlerabschätzungen zur Verfügung. Wir wollen das hier nicht weiter vertiefen und verweisen stattdessen auf [5], [3], [11].

In diesem Kapitel haben wir

- erfahren, wie sich das Newton-Verfahren für Gleichungen auf Gleichungssysteme übertragen lässt,
- eine vereinfachte Variante dazu kennengelernt,
- einige besondere Aspekte bei der praktischen Umsetzung betrachtet.

∎

5 Interpolation

5.1 Problemstellung

Viele Anwendungen verlangen, dass vorgegebene Wertepaare, z. B. Messwerte, in gewisser Weise durch eine Formel beschrieben werden. Mit der Formel möchte man in einer Weise weiterarbeiten, die mit den Wertepaaren selbst nicht möglich ist, z. B. Nullstellen, Integrale oder ähnliche Größen berechnen. Fordert man, dass diese Formel die Wertepaare exakt reproduziert, so hat man ein Interpolationsproblem vorliegen. Genauer gesagt, suchen wir eine Funktion f, deren Graph genau durch die vorgegebenen Wertepaare verläuft.

Definition

Gegeben sind $n+1$ Wertepaare (x_i, f_i), $i = 0, \ldots, n$, mit $x_i \neq x_j$ für $i \neq j$. Gesucht ist eine stetige Funktion f mit der Eigenschaft $f(x_i) = f_i$ für alle $i = 0, \ldots, n$
Diese Aufgabenstellung heißt **Interpolationsproblem**.
Man nennt die x-Werte der Wertepaare auch **Stützstellen**, die y-Werte der Wertepaare auch **Stützwerte** und die Wertepaare selbst auch **Stützpunkte**.
Eine Lösung des Interpolationsproblems, heißt **Interpolierende** der Wertepaare (x_i, f_i).
Man sagt auch f **interpoliert** diese Wertepaare. ■

Beispiel 5.1
Es soll eine Interpolierende für die beiden Wertepaare $(0,1)$, $(1,2)$ gefunden werden.

Lösung: Man kann einfach eine Gerade wählen, die die beiden Punkte verbindet. Die Gleichung dieser Geraden lautet dann $f(x) = x + 1$. Aber dies ist nicht die einzige Interpolierende. Auch $f(x) = \sqrt{x} + 1$ und $f(x) = x^3 + 1$ sind Interpolierende, ebenso $f(x) = \sin(\pi x) + x + 1$, siehe Bild 5.1. Man sieht, es gibt viele Interpolierende: Es leuchtet sogar unmittelbar ein, dass es unendlich viele Interpolierende gibt. ■

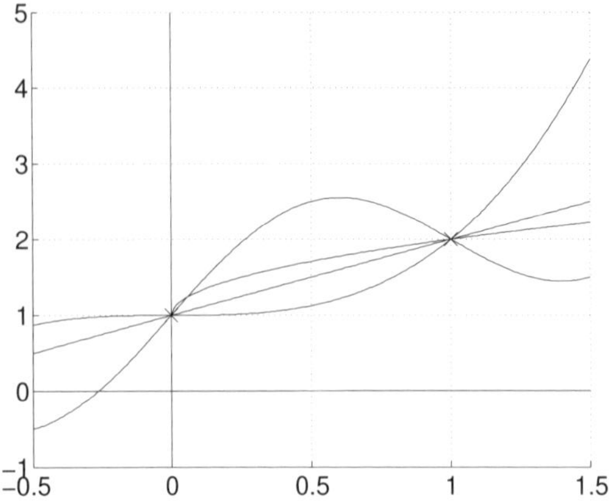

Bild 5.1 Verschiedene Interpolierende zu $(0,1)$ und $(1,2)$

Das oben formulierte Interpolationsproblem ist also keineswegs eindeutig lösbar und damit in dieser Form nicht geeignet, auf einem Rechner gelöst zu werden. Wir müssen daher zunächst die Klasse der Funktionen derart einschränken, dass das Interpolationsproblem eine eindeutige Lösung aufweist.

5.2 Polynominterpolation

Wir wollen nun interpolierende Polynome suchen, diese nennt man auch kurz „Interpolationspolynome". Da ein Polynom vom Grad n genau $n+1$ Koeffizienten hat, also $n+1$ Freiheitsgrade, kann man hoffen, dass man diese Koeffizienten durch $n+1$ Bedingungen eindeutig festlegen kann. Diese Bedingungen sind natürlich die Gleichungen aus dem Interpolationsproblem. Diese Gleichungen bilden dann ein lineares Gleichungssystem mit $n+1$ Gleichungen und ebenso vielen Unbekannten $a_0,\ldots,a_n$, welches – dies kann man nachweisen – eindeutig lösbar ist. Mit anderen Worten:

Satz: Existenz und Eindeutigkeit des Interpolationspolynoms

Gegeben sind $n+1$ Wertepaare (x_i, f_i), $i = 0,\ldots,n$ mit $x_i \neq x_j$ für $i \neq j$. Dann gibt es genau ein Polynom p vom Grad höchstens n mit $p(x_i) = f_i$ für alle $i = 0,\ldots,n$.
Im Fall $n = 1$ spricht man auch von „linearer Interpolation", im Fall $n = 2$ von „quadratischer Interpolation".

■

Beispiel 5.2
Gemäß obigem Satz soll das eindeutige Interpolationspolynom für die Wertepaare

x_i	-1	0	1	2
f_i	5	-2	9	-4

bestimmt werden.

Lösung: Da vier Wertepaare gegeben sind, muss das Polynom vom Grad 3 sein, wir setzen also an $p(x) = \sum_{i=0}^{3} a_i x^i$ und stellen mit den vier Wertepaaren die vier Gleichungen für die vier unbekannten Koeffizienten $a_0, \ldots, a_3$ auf. Die Gleichungen lauten also $p(-1) = 5,\ p(0) = -2,\ p(1) = 9,\ p(2) = -4$. Die Lösung dieses Gleichungssystems ergibt sich (z. B. mit den in diesem Buch vorgestellten Methoden) zu: $a_0 = -2,\ a_1 = 9,\ a_2 = 9,\ a_3 = -7$. Das gesuchte Interpolationspolynom lautet also $p(x) = -7x^3 + 9x^2 + 9x - 2$.

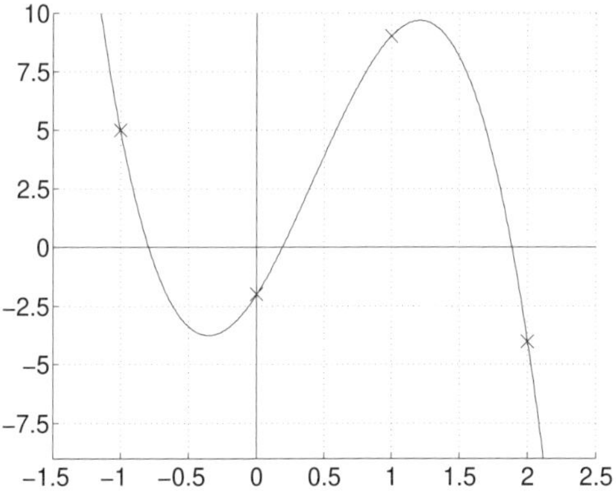

Bild 5.2 Das Interpolationspolynom aus Beispiel 5.2

■

Die Methode, das Interpolationspolynom über ein lineares Gleichungssystem zu lösen, ist unnötig aufwendig. Spezielle Ansätze eröffnen andere Zugänge zum Interpolationspolynom. Eine davon ist die sog. **Lagrange-Form** des Interpolationspolynoms:

$$p(x) = \sum_{i=0}^{n} f_i\, l_i(x) \qquad \text{mit} \quad l_i(x) := \prod_{\substack{j=0 \\ j \neq i}}^{n} \frac{x - x_j}{x_i - x_j}$$

Aber auch diese Form verwendet man in der Praxis nicht zur Auswertung des Interpolationspolynom, weil der Aufwand unnötig hoch wäre. Die Lagrange-Form kann aber benutzt werden, um Formeln zur numerischen Berechnung von bestimmten Integralen, Ableitungen und Lösungen von Differenzialgleichungen herzuleiten. Wir werden nun eine andere Darstellung desselben Interpolationspolynoms (natürlich desselben, weil es ja eindeutig ist) kennenlernen, die schneller auszuwerten ist. Als Hilfsmittel benötigen wir dabei „dividierte Differenzen“:

Algorithmus 5.1
Berechnung der dividierten Differenzen

Input: Wertepaare (x_i, f_i) für $i = 0, \ldots, n$ mit $x_i \neq x_j$ für $i \neq j$

for $i = 0, \ldots, n$ **do**
  $f[x_i] := f_i$
end for
for $k = 1, \ldots, n$ **do**
  for $i = 0, \ldots, n-k$ **do**
    $f[x_i, x_{i+1}, \ldots, x_{i+k}] := \dfrac{f[x_{i+1}, \ldots, x_{i+k}] - f[x_i, \ldots, x_{i+k-1}]}{x_{i+k} - x_i}$
  end for
end for

Output: dividierte Differenzen $f[x_i, x_{i+1}, \ldots, x_{i+k}]$

■

Die Berechnung wird übersichtlich, wenn man die dividierten Differenzen in einem Dreiecksschema anordnet:

$$
\begin{array}{llll}
x_i & f_i & f[x_i, x_{i+1}] & f[x_i, x_{i+1}, x_{i+2}] \\
\hline
x_0 & f[x_0] & & \\
 & & \searrow \dfrac{f[x_1] - f[x_0]}{x_1 - x_0} = f[x_0, x_1] & \\
 & & \nearrow & \\
x_1 & f[x_1] & & \searrow \dfrac{f[x_1, x_2] - f[x_0, x_1]}{x_2 - x_0} = f[x_0, x_1, x_2] \\
 & & & \nearrow \\
 & & \searrow \dfrac{f[x_2] - f[x_1]}{x_2 - x_1} = f[x_1, x_2] & \\
 & & \nearrow & \\
x_2 & f[x_2] & &
\end{array}
$$

Beispiel 5.3

Es sollen die dividierten Differenzen zu den Daten aus Beispiel 5.2 berechnet werden.

Lösung: Wir stellen das Differenzenschema auf:

x_i	f_i	$f[x_i, x_{i+1}]$	$f[x_i, x_{i+1}, x_{i+2}]$	$f[x_i, \ldots, x_{i+3}]$
-1	5			
		$-7 = f[x_0, x_1]$		
0	-2		$9 = f[x_0, x_1, x_2]$	
		$11 = f[x_1, x_2]$		$-7 = f[x_0, \ldots, x_3]$
1	9		$-12 = f[x_1, x_2, x_3]$	
		$-13 = f[x_2, x_3]$		
2	-4			

■

Bemerkungen:

- Im Differenzenschema der dividierten Differenzen müssen die x_i nicht der Größe nach geordnet aufgeführt werden.
- Das Hinzufügen weiterer Wertepaare an ein bestehendes Differenzenschema ist ganz einfach: Man fügt die neuen Wertepaare einfach unten an das Schema an und berechnet die noch fehlenden dividierten Differenzen.

Die dividierten Differenzen dienen dazu, das Interpolationspolynom in einfacher Weise auszurechnen:

Newtonsche Interpolationsformel

Gegeben seien Wertepaare (x_i, f_i) für $i = 0, \ldots, n$.
Dann lautet das Interpolationspolynom zu diesen Daten

$$\begin{aligned} p(x) = {} & a_0 + a_1 (x - x_0) + a_2 (x - x_0)(x - x_1) + \ldots \\ & + a_n (x - x_0)(x - x_1) \cdots (x - x_{n-1}), \end{aligned} \tag{5.1}$$

wobei $a_i = f[x_0, \ldots, x_i]$. Die a_i sind also genau die dividierten Differenzen, die in der oberen Schrägzeile des Differenzenschemas stehen.

$$p(x) = \sum_{i=0}^{n} f[x_0, \ldots, x_i] \prod_{j=0}^{i-1} (x - x_j).$$

■

Beispiel 5.4

Zu den Daten aus Beispiel 5.2 soll das Interpolationspolynom in Newtonscher Form ausgerechnet werden.

Lösung: Die dividierten Differenzen zu diesen Daten kennen wir schon aus Beispiel 5.3. Mit (5.1) erhalten wir

$$\begin{aligned} p(x) :=& f[x_0] + f[x_0,x_1]\cdot(x-x_0) + f[x_0,x_1,x_2]\cdot(x-x_0)(x-x_1) \\ &+ f[x_0,x_1,x_2,x_3]\cdot(x-x_0)(x-x_1)(x-x_2) \\ =& 5 - 7(x+1) + 9(x+1)x - 7(x+1)x(x-1). \end{aligned}$$

Dies ist aufgrund der Eindeutigkeit des Interpolationspolynoms natürlich dasselbe Polynom, das schon in Beispiel 5.2 berechnet wurde. ■

Bemerkung:

Das Newtonsche Interpolationspolynom lässt sich effizient mit einer dem Horner-Schema (vgl. Abschnitt 2.6) ähnlichen Rekursionsformel auswerten:

$$\begin{aligned} r_n &:= f[x_0,x_1,\ldots,x_n] \\ r_k &:= r_{k+1}(x-x_k) + f[x_0,x_1,\ldots,x_k] \text{ für } k = n-1, n-2, \ldots, 0 \\ p(x) &= r_0. \end{aligned}$$

Damit benötigt die Auswertung des Newtonschen Interpolationspolynom nur n Punktoperationen.

Aufgabe

5.1 Berechnen Sie die Newtonschen Interpolationspolynome zu den folgenden Daten:

x_i	−1	0	1	2
f_i	−11	−2	3	22

x_i	−1	0	2	3
f_i	1	−3	1	−27

x_i	−2	0	2	4
f_i	−31	−5	13	119

x_i	0	1	3	4
f_i	−4	−1	29	80

5.2.1 Das Neville-Aitken-Schema

In manchen Fällen benötigt man gar nicht das Interpolationspolynom p selbst, sondern nur einen oder mehrere Funktionswerte $p(x)$ desselben. Diese können mit Algorithmus 5.2 rekursiv berechnet werden.

Algorithmus 5.2
Das Neville[1]-Aitken[2]-Schema

Input: Wertepaare (x_i, f_i) für $i = 0, \ldots, n$ mit $x_i \neq x_j$ für $i \neq j$, die Stelle x, an der das Interpolationspolynom ausgewertet werden soll

1: {*Wir definieren nun eine Folge von Polynomen rekursiv*}
2: **for** $i = 0, \ldots, n$ **do**
3: $\quad p_{i0}(x) := f_i$ {*konstante Polynome*}
4: **end for**
5: **for** $k = 1, \ldots, n$ **do**
6: $\quad$ **for** $i = 0, \ldots, n-k$ **do**
7: $\quad\quad p_{ik}(x) := p_{i+1,k-1}(x) + \frac{x_{i+k} - x}{x_{i+k} - x_i}\left(p_{i,k-1}(x) - p_{i+1,k-1}(x)\right)$
8: $\quad$ **end for**
9: **end for**

Output: $p_{0n}(x)$ {*Wert des Interpolationspolynoms an der Stelle x*}

Man kann dieses Schema auch nutzen, um das Interpolationspolynom auszurechnen. ■

Bemerkungen:

- Das Polynom p_{ik} ist das Interpolationspolynom, das an den Stützstellen $x_i, \ldots, x_{i+k}$ interpoliert.
- Das Neville-Aitken-Schema bietet sich an, wenn man ein Interpolationspolynom nur an einer Stelle x auswerten will. Wir werden in 7.1.4 im Zusammenhang mit der sog. Extrapolation noch einmal darauf zurückkommen.
- Der Aufwand des Neville-Aitken-Schemas für $n+1$ Stützstellen beträgt $n(n+1)$ Punktoperationen.

Die berechneten $p_{ik}(x)$ schreibt man, ähnlich den dividierten Differenzen, übersichtlich in ein Schema. Zeile 7 in Algorithmus 5.2 beschreibt dann den Übergang von der Spalte $k-1$ in die Spalte k.

---

1 Eric Harold Neville, 1889-1961, englischer Mathematiker
2 Alec Aitken, 1895-1967, neuseeländischer Mathematiker

Beispiel 5.5

Das Interpolationspolynom zu den Daten aus Beispiel 5.2 soll an der Stelle $x = 1.5$ ausgewertet werden, ohne das Interpolationspolynom selbst auszurechnen.

Lösung: Wir stellen das Neville-Aitken-Schema auf:

x_i	$f_i = p_{i0}(1.5)$	$p_{i1}(1.5)$	$p_{i2}(1.5)$	$p_{i3}(1.5)$
-1	5			
		$-12.5 = p_{01}(1.5)$		
0	-2		$21.25 = p_{02}(1.5)$	
		$14.5 = p_{11}(1.5)$		$8.125 = p_{03}(1.5)$
1	9		$5.5 = p_{12}(1.5)$	
		$2.5 = p_{21}(1.5)$		
2	-4			

■

5.2.2 Der Fehler bei der Polynominterpolation

Hat man Wertepaare (x_i, y_i), $i = 0, \ldots, n$ gegeben, wobei die $y_i = f(x_i)$ Werte einer Funktion f sind, und dazu das Interpolationspolynom p berechnet, so kann man generell nicht sagen, ob die Werte $p(x)$ gute Näherungen für $f(x)$ sind, wenn x zwischen den Stützstellen liegt. Man benutzt ja nur die Werte von f an den Stützstellen, womit über den Verlauf von f zwischen den Stützstellen nichts gesagt ist. Eine Aussage dazu lässt sich nur machen, wenn die Funktion f, von der die Wertepaare stammen, bekannt ist. Dann gilt:

Satz über den Interpolationsfehler

Gegeben seien Wertepaare $(x_i, f(x_i))$, $i = 0, \ldots, n$ einer Funktion $f \in C^{n+1}([a,b])$ mit $x_i \in [a,b]$ für alle $i = 0, \ldots, n$. Sei p das Interpolationspolynom vom Grad höchstens n zu diesen Wertepaaren. Dann gilt:
Zu jedem $x \in [a,b]$ gibt es ein $\xi \in [a,b]$ mit

$$f(x) - p(x) = \frac{f^{(n+1)}(\xi)}{(n+1)!} \prod_{i=0}^{n} (x - x_i). \tag{5.2}$$

■

In der Praxis interpoliert man aber nicht sämtliche n Wertepaare $(x_i, f(x_i))$ mit einem einzigen Interpolationspolynom, das dann einen Grad bis zu n haben kann; dies ist in der Regel unnötig aufwendig. Der geringste Aufwand entsteht, wenn man linear zwischen zwei benachbarten Stützstellen interpoliert (sog. stückweise lineare Interpolation).

Im Falle äquidistanter (d. h. gleicher Abstand zwischen zwei aufeinanderfolgenden) Stützstellen kann man die Fehlerabschätzung handlicher angeben:

Satz: Fehler bei stückweiser linearer bzw. kubischer Interpolation
Gegeben sei $h > 0$ und Wertepaare $(x_i, f(x_i))$, $i = 0, \ldots, n$ einer Funktion $f \in C^{n+1}([a,b])$ mit $x_i = x_0 + i\,h \in [a,b]$ für alle $i = 0, \ldots, n$. Dann gilt für stückweise lineare Interpolation:

$$|f(x) - p(x)| \le \frac{h^2}{8} \max\left\{|f''(\xi)| \mid \xi \in [a,b]\right\}$$

und für stückweise kubische Interpolation:

$$|f(x) - p(x)| \le \frac{3\,h^4}{128} \max\{|f^{(4)}(\xi)| \mid \xi \in [a,b]\}.$$

p ist dabei die stückweise lineare bzw. kubische Interpolierende. ■

Der obige Satz kann wie folgt benutzt werden, um den Aufwand für eine Tabellierung von Funktionen zu berechnen.

Beispiel 5.6
Die Funktion $f(x) = \sin x$ soll auf $[0, \frac{\pi}{2}]$ so tabelliert werden, dass bei stückweiser linearer Interpolation zwischen den äquidistanten Stützstellen der Interpolationsfehler höchstens $0.5 \cdot 10^{-m}$ beträgt (dies bedeutet, dass m Stellen exakt sind). Wie viele Stützstellen werden dazu benötigt?

Lösung: Es gilt $|f''(x)| = |\sin x| \le 1$ für alle x. Um das Verlangte zu erfüllen, muss also gelten:

$$|f(x) - p(x)| \le \frac{h^2}{8} \max\left\{|f''(\xi)| \mid \xi \in [a,b]\right\} \le \frac{h^2}{8} \overset{!}{\le} 0.5 \cdot 10^{-m},$$

d. h. $h \le 2 \cdot 10^{-0.5\,m}$. Für $m = 4$ darf also der Stützstellenabstand nicht größer als 0.02 sein, d. h. auf $[0, \frac{\pi}{2}]$ sind mindestens 79 Werte nötig. ■

Die Rechnung in Beispiel 5.6 gilt bei genauer Betrachtung nur für den Fall, dass die Tabellenwerte exakt sind. Dies ist natürlich nicht gegeben. Möchte man die Aufgabe unter Berücksichtigung der Ungenauigkeit der Tabellenwerte lösen, so muss man den Interpolationsfehler entsprechend reduzieren.

Beispiel 5.7
Die Funktion $f(x) = \sin x$ soll auf $[0, \frac{\pi}{2}]$ so tabelliert werden, dass bei linearer Interpolation zwischen den äquidistanten Stützstellen der Interpolationsfehler höchstens $0.5 \cdot 10^{-m}$ beträgt (dies bedeutet, dass m Stellen exakt sind). Dabei wird vorausgesetzt, dass die Tabellenwerte mit einem Fehler von max. $0.5 \cdot 10^{-k}$ behaftet sind. Wie viele Stützstellen werden dazu benötigt?

Lösung: Seien $\tilde{f}(x_i)$ die fehlerbehafteten Tabellenwerte, die interpoliert werden sollen, und $f(x_i)$ die exakten Funktionswerte (die wir nicht kennen). Sei weiter p die stückweise lineare Interpolierende zu den $\tilde{f}(x_i)$ und q die zu den $f(x_i)$. Gefordert ist laut Aufgabenstellung:

$$|f(x) - p(x)| \overset{!}{\leq} 0.5 \cdot 10^{-m}.$$

Mithilfe der Dreiecksungleichung haben wir

$$\begin{aligned}|f(x) - p(x)| &\leq |f(x) - q(x)| + |q(x) - p(x)| \\ &\leq \frac{h^2}{8} \max\{|f''(\xi)| \mid \xi \in [a, b]\} + |q(x) - p(x)|\end{aligned}$$

Für die Abweichung der beiden Interpolierenden haben wir für $x \in [x_i, x_{i+1}]$

$$\begin{aligned}|q(x) - p(x)| &= \left|\frac{x - x_i}{x_{i+1} - x_i}(f(x_{i+1}) - \tilde{f}(x_{i+1})) + \frac{x_{i+1} - x}{x_{i+1} - x_i}(f(x_i) - \tilde{f}(x_i))\right| \\ &\leq \frac{x - x_i}{x_{i+1} - x_i} 0.5 \cdot 10^{-k} + \frac{x_{i+1} - x}{x_{i+1} - x_i} 0.5 \cdot 10^{-k} = 0.5 \cdot 10^{-k}.\end{aligned}$$

Dies führt auf die Forderung

$$\frac{h^2}{8} \overset{!}{\leq} 0.5 \cdot 10^{-m} - 0.5 \cdot 10^{-k}.$$

Die weiteren Überlegungen sind analog zu denen im vorigen Beispiel.
Man erkennt, dass die Aufgabe für $k \leq m$ nicht lösbar ist. Dies ist auch nicht anders zu erwarten, denn wir können nicht erwarten, dass die interpolierten Werte einen Fehler aufweisen, der geringer ist als die Tabellenwerte. ■

Aufgaben

5.2 Rechnen Sie Beispiel 5.6 nochmal mit stückweise kubischer Interpolation.

5.3 In einer Tabelle finden Sie folgende Werte für $f(x) := \int_0^x e^{-t^2}\,dt$:

x_i	0.1	0.2	0.3	0.4
f_i	0.09966766430	0.1973650310	0.2912378827	0.3796528397

Bestimmen Sie mittels Interpolation daraus einen Näherungswert für $f(0.27)$ mit einem nachgewiesenen relativen Fehler von max. 1 %.
Hinweis: Um Arbeit zu sparen, will man natürlich nur mit so vielen Werten interpolieren, wie für die geforderte Genauigkeit nötig sind.

Beispiel 5.8

Die Funktion $f(x) = \frac{1}{1+x^2}$ soll in den Stellen $x = -3, -2, -1, 0, 1, 2, 3$ interpoliert werden und das Verhalten von f mit dem des Interpolationspolynoms verglichen werden.

Lösung: Wir erhalten $p(x) = -0.01\,x^6 + 0.15\,x^4 - 0.64\,x^2 + 1$. In Bild 5.3 sieht man, dass das Interpolationspolynom am Rande des Stützstellenintervalls $[-3,3]$ deutliche Schwingungen aufweist. In diesen Randbereichen weichen die Werte des Interpolationspolynoms deutlich von denen von f ab, sodass sie als Näherungen für die Werte von f unbrauchbar sind. Dies wird nicht besser, wenn man die Anzahl der Stützstellen erhöht, im Gegenteil. Letztlich liegt die Ursache dafür in der äquidistanten Stützstellenverteilung.
Außerhalb des Bereichs der Stützstellen verläuft das Interpolationspolynom steil gegen $-\infty$. Das Interpolationspolynom wird in den wenigsten Fällen den realistischen Verlauf einer Kurve darstellen, den ein Anwender im Sinn hat, wenn er eine Kurve durch Wertepaare legen will. Das Interpolationspolynom an sich hat also nur eine eingeschränkte Verwendung. Man kann es aber benutzen, um zu x-Werten, die im Innern des Stützstellenintervalls liegen, Werte zu berechnen, die (hoffentlich!) dem Verlauf der Funktion, von der die Wertepaare stammen, entsprechen. Zur Berechnung der Werte des Interpolationspolynoms ist dieses selbst aber gar nicht erforderlich, wenn wir das Neville-Aitken-Schema verwenden.
Weiter sieht man, dass es nicht sinnvoll ist, das Interpolationspolynom an x-Stellen auszuwerten, die außerhalb des Stützstellenbereichs liegen. Dort erhält man wegen des steilen Anstiegs kaum nützliche Werte. Die Anwendung des Interpolationspolynom beschränkt sich also auf x-Werte zwischen (inter=zwischen) den Stützstellen. Eine Extrapolation (extra=außerhalb) ist bis auf Ausnahmen nicht sinnvoll. Eine davon wird in Abschnitt 7.1.4 behandelt (und dort werden die Stützstellen nicht äquidistant liegen).

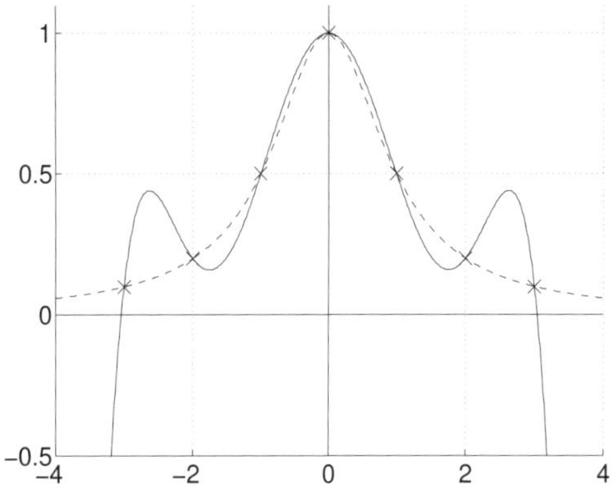

Bild 5.3 f (gestrichelt) und zugehöriges Interpolationspolynom

■

5.3 Splineinterpolation

5.3.1 Problemstellung

Wir gehen wieder vom Interpolationsproblem aus. Soll die Interpolierende die Kurve, von der die Messwerte stammen, möglichst gut annähern, so muss man zwangsläufig mit mehr Messwerten arbeiten. Wir haben aber schon gesehen, dass mit der Anzahl der Messwerte auch der Grad des Interpolationspolynoms ansteigt. Interpolierende von hohem Grad sind aber unerwünscht, weil sie, wie wir oben gesehen haben, starke Schwankungen am Rand des Stützstellenintervalls aufweisen. Abhilfe bringt die Idee, das Intervall in mehrere Teilintervalle aufzuteilen, auf dem man ein Interpolationspolynom niedrigeren Grades verwendet. Man könnte z. B. die Messwerte zu zwei benachbarten Stützstellen immer linear interpolieren, also mit einem Interpolationspolynom vom Grad 1.

Beispiel 5.9
Es sollen die Daten aus Beispiel 5.2 abschnittsweise linear interpoliert werden.

Lösung: Da vier Wertepaare gegeben sind, erhalten wir drei Intervalle, auf denen jeweils linear zu interpolieren ist. Dies bedeutet, durch zwei benachbarte Wertepaare ein Polynom vom Grad 1 zu finden. Zeichnerisch heißt das nichts anderes als jeweils zwei Messwerte zu benachbarten Stützstellen mit dem Lineal zu verbinden. Man erhält dann Bild 5.4.

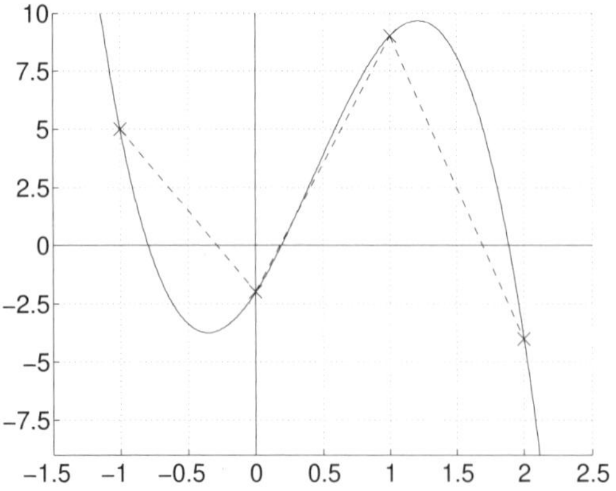

Bild 5.4 Interpolationspolynom und stückweise lineare Interpolierende (gestrichelt)

■

Aufgabe

5.4 Bestimmen Sie die stückweise lineare Interpolierende aus Beispiel 5.9.

Man sieht, dass die stückweise lineare Interpolierende zwar keine großen Schwankungen zwischen den Stützstellen liefert, jedoch Knicke aufweist, was in vielen Anwendungen unerwünscht ist. Mathematisch gesehen sind solche Knicke Unstetigkeiten, also sprunghafte Änderungen, in der ersten Ableitung. Man muss also dafür sorgen, dass die Interpolierende über das gesamte Intervall eine stetige erste Ableitung besitzt. Man fordert sogar noch eine stetige zweite Ableitung; das Ergebnis ist eine sog. **Splinefunktion**, die stückweise die Gestalt eines Polynom dritten Grades hat. Man spricht daher auch von **kubischen Splines**. Die Bezeichnung Spline stammt aus dem Schiffbau: Latten, die an Stützpunkten fixiert sind, nehmen aufgrund der einwirkenden Kräfte die Form kubischer Splines an. Genaueres findet man z. B. in [12].

5.3.2 Interpolation mit kubischen Splines

Definition

Gegeben seien Eine Funktion $s : [a,b] \longrightarrow \mathbb{R}$ heißt **kubischer Spline** zu den Stützstellen $a = x_0 < x_1 < \ldots < x_n = b$, falls gilt:

- s'' existiert und ist stetig auf $[a,b]$ („$s \in C^2([a,b])$"), und
- s ist auf den Intervallen $[x_i, x_{i+1}]$ jeweils ein Polynom vom Grad 3 ($i = 0,\ldots,n-1$).

s heißt **interpolierender** Spline zu den Werten $y_0,\ldots,y_n$, wenn zusätzlich gilt: $s(x_i) = y_i$ für alle $i = 0,\ldots,n$. Dazu gibt es drei Unterarten:

- s heißt **periodischer** interpolierender Spline mit Periode $b-a$, wenn zusätzlich gilt: $s(a) = s(b)$, $s'(a) = s'(b)$, $s''(a) = s''(b)$.
- s heißt **natürlicher** interpolierender Spline, wenn zusätzlich gilt: $s''(a) = s''(b) = 0$.
- s heißt **vollständiger** interpolierender Spline, wenn zusätzlich gilt: $s'(x_0) = y_0'$, $s'(x_n) = y_n'$, wobei y_0' und y_n' vorgegebene, bekannte Werte sind.

■

Um zu sehen, wie viele Bedingungen wir an den Spline stellen können, müssen wir die Anzahl der Freiheitsgrade, sprich die Anzahl der frei zu bestimmenden Parameter betrachten. Ein Polynom dritten Grades besitzt 4 Koeffizienten, die wir hier der Problemstellung anpassen können. Da wir n Intervalle betrachten, haben wir also $4n$ Freiheitsgrade für eine Funktion, die stückweise ein kubisches Polynom ist. Soweit zum kubischen Spine. Nun zum interpolierenden: Die Bedingungen, die an diese Funktion gestellt werden, sind nach obiger Definition folgende:

- Pro Intervall sind zwei Interpolationsbedingungen zu erfüllen, dies sind insgesamt $2\,n$ Bedingungen.
- Die erste und zweite Ableitung soll in den Stützstellen $x_1,\ldots,x_{n-1}$ stetig sein, dies sind ingesamt $2\,(n-1)$ Bedingungen.

Insgesamt sind also $4n-2$ Bedingungen an die $4n$ Koeffizienten gestellt. Wir dürfen also noch 2 weitere Bedingungen stellen; diese sind die Bedingungen für einen periodischen bzw. natürlichen bzw. vollständigen Spline:

- periodischer Spline (vorausgesetzt ist dabei $y_0 = y_n$, sonst kann der Spline gar nicht periodisch werden):
  Zusätzliche Bedingungen: $s'(a) = s'(b)$, $s''(a) = s''(b)$.
- natürlicher Spline:
  Zusätzliche Bedingungen: $s''(a) = 0$, $s''(b) = 0$.
- vollständiger Spline (vorausgesetzt sind dabei vorgegebene y'_0 und y'_n):
  Zusätzliche Bedingungen: $s'(x_0) = y'_0$, $s'(x_n) = y'_n$.

Man kann zeigen, dass für die drei genannten Varianten das Gleichungssystem der Koeffizienten der Splines jeweils eindeutig lösbar ist. Die Berechnung eines Splines geschieht jedoch nicht über diese $4n$ Gleichungen mit $4n$ Unbekannten, sondern man berechnet zunächst die sog. **Momente** $M_i = s''(x_i)$. Aus diesen berechnet man dann leicht die anderen Unbekannten. Im Folgenden konzentrieren wir uns auf periodische und natürliche Splines. Für vollständige Splines siehe z. B. [1, 12].

Für die Momente $M_i := s''(x_i)$ eines interpolierenden Splines zu den Wertepaaren (x_i, y_i), $i = 0, \ldots, n$ gilt

$$\mu_i M_{i-1} + 2M_i + (1-\mu_i) M_{i+1} = 6f[x_{i-1}, x_i, x_{i+1}] \tag{5.3}$$

$$\text{für } i = 1, \ldots, n-1, \quad \text{wobei } \mu_i = \frac{x_i - x_{i-1}}{x_{i+1} - x_{i-1}}$$

Zu diesen Bedingungen kommen für die zwei Spline-Varianten noch zwei Bedingungen hinzu:

- für den periodischen Spline: $M_0 = M_n$ und

$$\mu_n M_{n-1} + 2M_n + (1-\mu_n) M_1 = 6f[x_{n-1}, x_n, x_{n+1}]$$

$$\text{wobei } x_{n+1} := x_n + x_1 - x_0,\ f_{n+1} = f_1,\ \mu_n = \frac{x_n - x_{n-1}}{x_n + x_1 - x_0 - x_{n-1}}$$

- für den natürlichen Spline: $M_0 = M_n = 0$.

■

Bemerkung:
Wenn die Stützstellen äquidistant liegen, d. h. $x_i - x_{i-1} = const$ für alle $i = 1, \ldots, n$, dann gilt $\mu_i = 0.5$ für alle $i = 0, \ldots, n$.

Berechnung des Splines aus den Momenten
Gegeben seien die Wertepaare (x_i, y_i), $i = 0,\ldots,n$ und die dazugehörigen Momente $M_i := s''(x_i)$ eines interpolierenden Splines. Dann gilt auf $[x_{i-1}, x_i]$, $i = 1,\ldots,n$:

$$s(x) = M_{i-1}\frac{(x_i - x)^3}{6h_i} + M_i\frac{(x - x_{i-1})^3}{6h_i} + C_i\left(x - \frac{x_{i-1} + x_i}{2}\right) + D_i, \tag{5.4}$$

wobei $h_i := x_i - x_{i-1}$ und

$$C_i := \frac{y_i - y_{i-1}}{h_i} - \frac{h_i}{6}(M_i - M_{i-1}), \tag{5.5}$$

$$D_i := \frac{y_i + y_{i-1}}{2} - \frac{h_i^2}{12}(M_i + M_{i-1}). \tag{5.6}$$

■

Beispiel 5.10
Es sollen die Daten aus Beispiel 5.2 mit einem natürlichen Spline interpoliert werden.

Lösung: Die nötigen dividierten Differenzen haben wir bereits in Beispiel 5.3 berechnet. Wir hatten: $f[x_0, x_1, x_2] = 9$, $f[x_1, x_2, x_3] = -12$. Nach (5.3) lauten die Gleichungen für die Momente in unserem Fall also:

$$0.5\,M_0 + 2\,M_1 + 0.5\,M_2 = 6\cdot 9 = 54$$
$$0.5\,M_1 + 2\,M_2 + 0.5\,M_3 = 6\cdot(-12) = -72$$

Da wir einen natürlichen Spline suchen, ist $M_0 = M_3 = 0$; die Momente M_1 und M_2 ergeben sich dann aus obigem Gleichungssystem zu $M_1 = 38.4$, $M_2 = -45.6$. Der Spline ergibt sich dann nach (5.4) zu

$$s(x) = \begin{cases} 38.4\,\dfrac{(x+1)^3}{6} + C_1(x+0.5) + D_1 & x \in [-1,0] \\[2ex] 38.4\,\dfrac{(1-x)^3}{6} - 45.6\,\dfrac{x^3}{6} + C_2(x-0.5) + D_2 & x \in [0,1] \\[2ex] -45.6\,\dfrac{(2-x)^3}{6} + C_3(x-1.5) + D_3 & x \in [1,2] \end{cases}$$

Die noch fehlenden Parameter ergeben sich nach (5.5), (5.6) zu:

$$C_1 = -7 - \frac{1}{6}38.4 = -13.4 \qquad D_1 = 1.5 - \frac{1}{12}38.4 = -1.7$$
$$C_2 = 11 - \frac{1}{6}(-82) = 25 \qquad D_2 = 3.5 - \frac{1}{12}(-7.2) = 4.1$$
$$C_3 = -13 - \frac{1}{6}45.6 = -20.6 \qquad D_3 = 2.5 - \frac{1}{12}(-45.6) = 6.3$$

Nach Einsetzen und Ausmultiplizieren erhalten wir

$$s(x) = \begin{cases} 6.4\,x^3 + 19.2\,x^2 + 5.8\,x - 2 & x \in [-1,0] \\ -14\,x^3 + 19.2\,x^2 + 5.8\,x - 2 & x \in [0,1] \\ 7.6\,x^3 - 45.6\,x^2 + 70.6\,x - 23.6 & x \in [1,2] \end{cases}$$

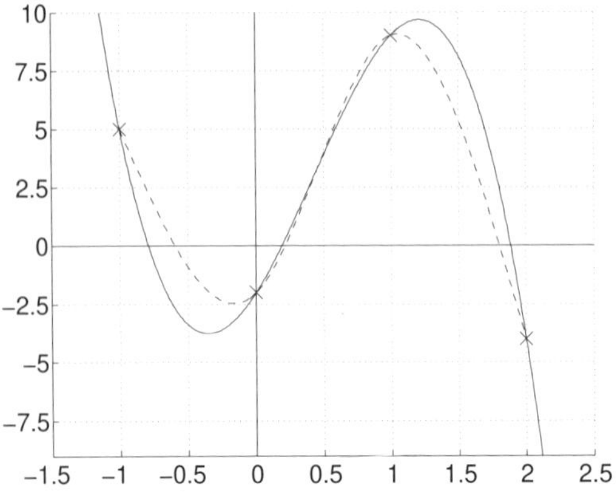

Bild 5.5 Natürlicher Spline (gestrichelt) und Interpolationspolynom

In Bild 5.5 sieht man deutlich, dass der Spline eine glatte Kurve liefert, die weniger stark als das Interpolationspolynom am Rand des Intervalls schwingt. Das Interpolationspolynom ist zwar vom Grad 3, wie auch der Spline; letzterer wird aber durch die Forderung, dass die Momente an den äußeren Stützstellen 0 sein müssen, auf stückweise verschiedene kubische Polynome gezwungen. Der Effekt, dass der Spline weniger Überschwinger aufweist, wird noch offensichtlicher, wenn man mehr Stützstellen verwendet (da dann das Interpolationspolynom einen Grad höher als 3 aufweist, während der Spline nach wie vor aus stückweise kubischen Polynomen besteht. ■

Noch eindrucksvoller wird der Unterschied zwischen einem Spline und einem Interpolationspolynom, wenn wir Beispiel 5.8 noch einmal aufgreifen.

Beispiel 5.11

Die Funktion $f(x) = \frac{1}{1+x^2}$ soll in den Stellen $x = -3, -2, -1, 0, 1, 2, 3$ mit einem natürlichen Spline interpoliert werden und das Verhalten des Splines mit dem des Interpolationspolynoms (siehe Beispiel 5.8) verglichen werden.

Lösung: Wir wollen hier nicht mehr auf die Berechnung dieses Splines eingehen, sondern gleich den Verlauf studieren.

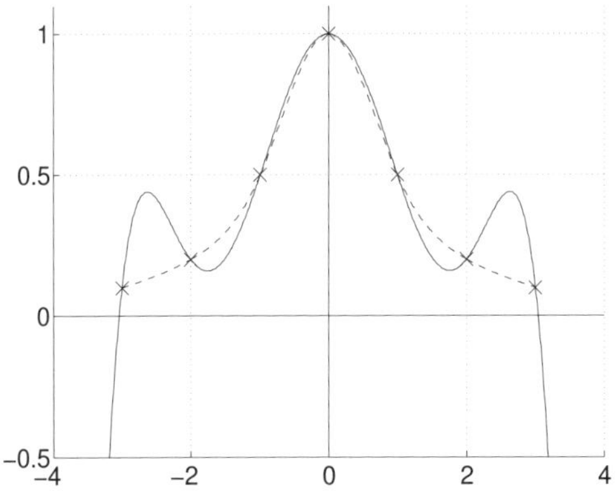

Bild 5.6 Natürlicher Spline (gestrichelt) und Interpolationspolynom

Vergleicht man Bild 5.3 und Bild 5.6, so erkennt man kaum einen Unterschied zwischen dem Spline in Bild 5.6 und der Funktion f in Bild 5.3. Deutlich wird der Unterschied erst außerhalb des Stützstellenintervalls. Wir sehen hier deutlich, dass der Spline genau die starken Schwingungen am Rand des Intervalls vermeidet, die das Interpolationspolynom dagegen aufweist. ∎

Aufgabe

5.5 Berechnen Sie die natürlichen Splines zu den Daten aus Aufgabe 5.1.

Beispiel 5.12

Die Funktion $f(x) = \sin^2 x$ soll auf $[0, \pi]$ mit einem periodischen Spline approximiert werden unter Benutzung der Stützstellen

$$x = 0, \frac{\pi}{3}, 2\frac{\pi}{3}, \pi.$$

Lösung: Da der Spline π-periodisch werden soll (wie f), ergänzen wir eine weitere Stützstelle hinter π periodisch und berechnen die dividierten Differenzen:

x_i	f_i	$f[x_i, x_{i+1}]$	$f[x_i, x_{i+1}, x_{i+2}]$
0	0		
		$\frac{9}{4\pi} = f[x_0, x_1]$	
$\frac{\pi}{3}$	$\frac{3}{4}$		$-\frac{27}{8\pi^2} = f[x_0, x_1, x_2]$
		$0 = f[x_1, x_2]$	
$\frac{2\pi}{3}$	$\frac{3}{4}$		$-\frac{27}{8\pi^2} = f[x_1, x_2, x_3]$
		$-\frac{9}{4\pi} = f[x_2, x_3]$	
π	0		$\frac{27}{4\pi^2} = f[x_2, x_3, x_4]$
		$\frac{9}{4\pi} = f[x_3, x_4]$	
$\frac{4\pi}{3}$	$\frac{3}{4}$		

Wir suchen nun die 5 Momente $M_0, \dots, M_4$; da wir wissen, dass $M_0 = M_3$ und $M_1 = M_4$ ist, sind nur 3 Momente zu bestimmen, nämlich M_0, M_1, M_2. Da die Stützstellen äquidistant liegen, gilt $\mu_i = 0.5$. Nach (5.3) lauten die Gleichungen für die Momente in unserem Fall also:

$$\begin{aligned}
0.5\,M_0 + 2\,M_1 + 0.5\,M_2 &= 6 \cdot \frac{-27}{8\pi^2}\\
0.5\,M_1 + 2\,M_2 + 0.5\,M_0 &= 6 \cdot \frac{-27}{8\pi^2}\\
0.5\,M_2 + 2\,M_0 + 0.5\,M_1 &= 6 \cdot \frac{27}{4\pi^2}
\end{aligned}$$

Als Lösung finden wir: $M_0 = \frac{27}{\pi^2}$, $M_1 = M_2 = -\frac{27}{2\pi^2}$. Damit berechnen wir

$$C_1 = \frac{9}{2\pi},\ C_2 = 0,\ C_3 = -\frac{9}{2\pi} \text{ und } D_1 = 0.25,\ D_2 = 1,\ D_3 = 0.25.$$

Der Spline ergibt sich dann nach (5.4), (5.5) und (5.6) zu

$$s(x) = \begin{cases} -\frac{81}{4\pi^3}x^3 + \frac{27}{2\pi^2}x^2 & x \in [0, \frac{\pi}{3}] \\ -\frac{27}{4\pi^2}x^2 + \frac{27}{4\pi}x - \frac{3}{4} & x \in [\frac{\pi}{3}, \frac{2\pi}{3}] \\ \frac{81}{4\pi^3}x^3 - \frac{189}{4\pi^2}x^2 + \frac{135}{4\pi}x - \frac{27}{4} & x \in [\frac{2\pi}{3}, \pi] \end{cases}$$

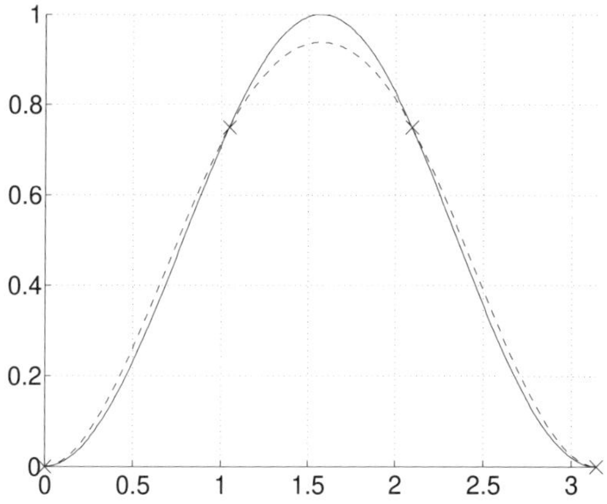

Bild 5.7 $f(x) = \sin^2 x$ und periodischer Spline (gestrichelt)

■

Aufgabe

5.6 Berechnen Sie die periodischen Splines zu den Daten

x_i	1	3	5	7
f_i	16	−8	24	16

x_i	0	1	2	4
f_i	5	10	25	5

In diesem Kapitel haben wir

- gelernt, was ein Interpolationsproblem ist,
- erfahren, wie wir dieses Problem geschickt lösen können,
- Abschätzungen für den interpolationsfehler kennengelernt,
- als weitere Interpolationsmethode die Splineinterpolation kennengelernt,
- erfahren, wie man einen interpolierenden kubischen Spline berechnet,
- erkannt, welche Vorteile die Splineinterpolation gegenüber der Polynominterpolation aufweist.

■

6 Ausgleichsrechnung

6.1 Problemstellung

Eine in Anwendungen häufig auftretende Problemstellung ist die folgende:

Das Ausgleichsproblem

Gegeben sind n Wertepaare (x_i, y_i), $i = 1, \ldots, n$ mit $x_i \neq x_j$ für $i \neq j$. Gesucht ist eine stetige Funktion f, die in einem gewissen Sinne bestmöglich die Wertepaare annähert, d. h. dass möglichst genau gilt: $f(x_i) \approx y_i$ für alle $i = 1, \ldots, n$. ■

Wenn man die Menge der stetigen Funktionen, die man dabei zur Konkurrenz zulässt, nicht einschränkt, wird man natürlich eine Interpolationsfunktion, z. B. das Interpolationspolynom, als optimal finden, denn dieses erfüllt ja sogar $f(x_i) = y_i$. Wir haben jedoch in Kapitel 5 schon die Nachteile erkannt, die mit Interpolationsfunktionen verbunden sind.

Man beachte, dass im Unterschied zum Interpolationsproblem hier nicht verlangt ist, dass die gesuchte Funktion f genau durch die gegebenen Wertepaare läuft. In der Praxis tritt das Interpolationsproblem gar nicht so häufig auf, denn die Wertepaare sind in der Regel empirischer Natur, d. h. sie entstammen z. B. Messungen, die ohnehin mit einem gewissen Messfehler behaftet sind. Dadurch ist die Forderung, die Funktion solle die Messwerte exakt reproduzieren, wenig sinnvoll.

Es geht also darum einen irgendwie ausgewogenen **Ausgleich** zu finden zwischen de Ziel eine Kurve nahe bei den Punkten zu finden, aber eben nicht zu nahe. Im folgenden wird sich zeigen, wie das gemeint ist.

Definition

Sei $I \subseteq \mathbb{R}$ ein Intervall, $\mathcal{F}$ eine Menge von stetigen Funktionen auf I (kurz: $\mathcal{F} \subset C(I)$), sowie n Wertepaare (x_i, y_i), $i = 1, \ldots, n$ mit $x_i \in I$ und $x_i \neq x_j$ für $i \neq j$.
Ein Element $f \in \mathcal{F}$ heißt **Ausgleichsfunktion** von $\mathcal{F}$ zu den gegebenen Wertepaaren, falls das **Fehlerfunktional**

$$E(f) := \sum_{i=1}^{n} (y_i - f(x_i))^2 \tag{6.1}$$

für f minimal wird, d. h. $E(f) = \min\{E(g) \mid g \in \mathcal{F}\}$. Die Menge $\mathcal{F}$ nennt man auch die Menge der **Ansatzfunktionen**. ■

Bemerkungen:

- In Anwendungen hat man häufig eine Anzahl fehlerbehafteter Messdaten vorliegen und versucht, Parameter in Modell- oder Ansatzfunktionen so anzupassen, dass die Messdaten durch die Ansatzfunktionen möglichst gut wiedergegeben werden. Typisch ist dabei, dass man deutlich mehr Messdaten als anzupassende Parameter zur Verfügung hat.
- Man nennt das so gefundene f dann optimal im Sinne der **kleinsten Fehlerquadrate**. Die Forderung bedeutet nichts anderes, als dass die 2-Norm des Fehlervektors $(f(x_1)-y_1, \ldots, f(x_n)-y_n)^\top$ minimal werden soll. Alternativ kann man auch andere Normen des Fehlervektors minimieren, was zu anderen Ergebnissen führen kann. Da in der Praxis am häufigsten die 2-Norm verwendet wird, beschränken wir uns hier auf diese.
- Auch ist es möglich, die Fehler mit Gewichten zu versehe d. h. man minimiert $\sum_{i=1}^{n} w_i (f(x_i) - y_i)^2$, wobei die $w_i > 0$ Konstanten („Gewichte") sind. Diese dienen zur Berücksichtigung des unterschiedlichen Gewichts der einzelnen Komponenten. Wenn z. B. ein Messwert aus einer qualitativ schlechteren Messung stammt als die anderen, so kann man diesem ein geringeres Gewicht als den anderen einräumen, indem man ihn mit einem $w_i < 1$ versieht (und die anderen mit 1 gewichtet).
- In Anwendungen wählt man häufig $\mathcal{F}$ als die Menge aller Geraden. Das so gefundene f nennt man dann **Ausgleichsgerade** oder in statistischen Zusammenhängen auch **Regressionsgerade**. Diese Gerade hat dann insgesamt den kleinsten Abstand zu den Messpunkten, wobei unter Abstand die Summe der Fehlerquadrate zu verstehen ist.

6.2 Lineare Ausgleichsprobleme

Beispiel 6.1
Die Wertepaare

x_i	1	2	3	4
y_i	6	6.8	10	10.5

liegen ungefähr auf einer Geraden. Bestimmen Sie die Ausgleichsgerade zu diesen Punkten.

Lösung: Wir suchen die Ausgleichsgerade in der Form $y = a\,x + b$, also

$$\mathcal{F} := \{\, a_1 f_1 + a_2 f_2 \mid a_1, a_2 \in \mathbb{R} \,\}$$

mit den Ansatzfunktionen $f_1(x) = x$ und $f_2(x) = 1$. Das Fehlerfunktional hat dann die Form

$$E(f)(a,b) := E(f) = \sum_{i=1}^{4} (y_i - f(x_i))^2 = \sum_{i=1}^{4} (y_i - (a\,x_i + b))^2.$$

Dieses soll minimal werden, d. h. die partiellen Ableitungen nach den Parametern a und b müssen verschwinden:

$$0 \overset{!}{=} \frac{\partial E(f)(a,b)}{\partial a} = -2 \sum_{i=1}^{n} (y_i - (a\,x_i + b))\,x_i \qquad (6.2)$$

$$0 \overset{!}{=} \frac{\partial E(f)(a,b)}{\partial b} = -2 \sum_{i=1}^{n} (y_i - (a\,x_i + b)) \qquad (6.3)$$

Wir haben also zwei Gleichungen für die beiden Unbekannten a, b. Nach wenigen Umformungen erhalten wir

$$a \sum_{i=1}^{n} x_i^2 + b \sum_{i=1}^{n} x_i = \sum_{i=1}^{n} y_i\,x_i \qquad (6.4)$$

$$a \sum_{i=1}^{n} x_i + b \sum_{i=1}^{n} 1 = \sum_{i=1}^{n} y_i, \qquad (6.5)$$

also ein lineares Gleichungssystem für die beiden Unbekannten, das in Matrix-Vektor-Form folgendermaßen aussieht:

$$\begin{pmatrix} \sum_{i=1}^{n} x_i^2 & \sum_{i=1}^{n} x_i \\ \sum_{i=1}^{n} x_i & n \end{pmatrix} \begin{pmatrix} a \\ b \end{pmatrix} = \begin{pmatrix} \sum_{i=1}^{n} y_i\,x_i \\ \sum_{i=1}^{n} y_i \end{pmatrix} \qquad (6.6)$$

Nach Einsetzen der x_i und y_i erhalten wir leicht die Lösung:

$$\begin{pmatrix} 30 & 10 \\ 10 & 4 \end{pmatrix} \begin{pmatrix} a \\ b \end{pmatrix} = \begin{pmatrix} 91.6 \\ 33.3 \end{pmatrix} \qquad \Longrightarrow \qquad a = 1.67,\ b = 4.15$$

Die gesuchte Ausgleichsgerade lautet also $y = 1.67\,x + 4.15$, siehe Bild 6.1.

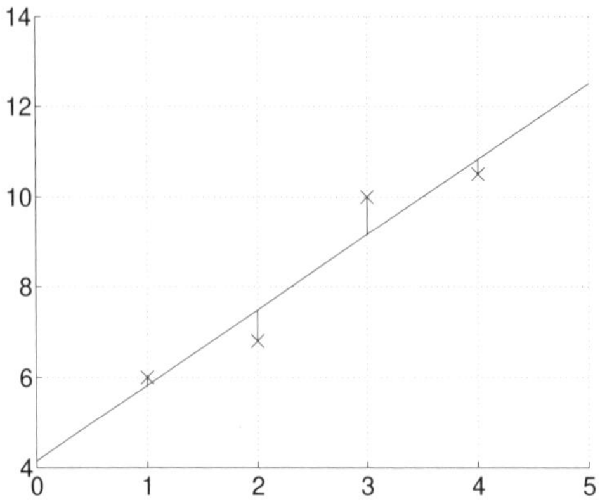

Bild 6.1 Die Ausgleichsgerade aus Beispiel 6.1. Eingezeichnet sind die Abstände, deren summierte Quadrate minimal werden.

■

Definition des linearen Ausgleichsproblems

Gegeben seien Basisfunktionen $f_1, \ldots, f_m$, $\mathscr{F} := \{\lambda_1 f_1 + \lambda_2 f_2 + \ldots + \lambda_m f_m \mid \lambda_i \in \mathbf{R} \text{ für alle } i = 1, \ldots, m\}$ sowie n Wertepaare (x_i, y_i), $i = 1, \ldots, n$ mit $x_i \neq x_j$ für $i \neq j$. Man sagt dann, dass ein **lineares Ausgleichsproblem** vorliegt. Weiter sei für $f := \sum_{j=1}^{m} \lambda_j f_j \in \mathscr{F}$:

$$E(\lambda_1, \lambda_2, \ldots, \lambda_m) := \sum_{i=1}^{n} (y_i - f(x_i))^2 = \sum_{i=1}^{n} \left(y_i - \sum_{j=1}^{m} \lambda_j f_j(x_i)\right)^2$$
$$= \|\boldsymbol{y} - \boldsymbol{A\lambda}\|_2^2,$$

wobei

$$\boldsymbol{A} = \begin{pmatrix} f_1(x_1) & f_2(x_1) & \ldots & f_m(x_1) \\ f_1(x_2) & f_2(x_2) & \ldots & f_m(x_2) \\ \vdots & \vdots & \vdots & \vdots \\ f_1(x_n) & f_2(x_n) & \ldots & f_m(x_n) \end{pmatrix}, \quad \boldsymbol{y} = \begin{pmatrix} y_1 \\ \vdots \\ y_n \end{pmatrix}, \quad \boldsymbol{\lambda} = \begin{pmatrix} \lambda_1 \\ \vdots \\ \lambda_m \end{pmatrix}.$$

Das System $\boldsymbol{A\lambda} = \boldsymbol{y}$ heißt **Fehlergleichungssystem**.

■

Das Fehlergleichungssystem soll allerdings nicht gelöst werden, was auch gar nicht möglich ist, denn es ist üblicherweise überbestimmt (d. h. mehr Gleichungen als Unbekannte). Vielmehr soll ja das Fehlerfunktional E minimiert werden. Das bedeutet bekanntlich, dass die partiellen Ableitungen alle verschwinden müssen, wie wir es in Beispiel 6.1 schon gesehen haben. Im allgemeinen Fall sieht das wie folgt aus.

Die Normalgleichungen

Mit den obigen Bezeichnungen heißen die Gleichungen

$$0 = \frac{\partial E(f)(\lambda_1, \lambda_2, \ldots, \lambda_m)}{\partial \lambda_i}, \qquad i = 1, \ldots, m$$

die **Normalgleichungen** zum linearen Ausgleichsproblem. Das System der Normalgleichungen heißt **Normalgleichungssystem**; als lineares Gleichungssystem formuliert lautet es

$$\boldsymbol{A}^\top \boldsymbol{A} \boldsymbol{\lambda} = \boldsymbol{A}^\top \boldsymbol{y}$$

■

Bemerkungen:

- Das Fehlergleichungssystem besitzt n Gleichungen und m Unbekannte. In der Regel ist $n > m$, d. h., es liegen mehr Wertepaare vor als anzupassende Parameter zur Verfügung stehen. Wir haben also mehr Gleichungen als Unbekannte – das Gleichungssystem ist überbestimmt. Man kann daher nicht damit rechnen, dass es eine Lösung gibt.
- Die Lösung des Ausgleichsproblems erfordert, dass das Fehlerfunktional in den Parametern minimal wird. Dies bedeutet, dass die partiellen Ableitungen nach den Parametern verschwinden müssen. Mit anderen Worten: Die Lösungen der Normalgleichungen sind die gesuchten Parameter des Ausgleichsproblems. Eine geometrische Herleitung der Normalgleichungen findet man in [10].
- Das Lösen der Normalgleichungen eines linearen Ausgleichsproblems entspricht also dem Lösen eines linearen Gleichungssystems mit der symmetrischen $m \times m$-Koeffizientenmatrix $\boldsymbol{A}^\top \boldsymbol{A}$, der gegebenen rechten Seite $\boldsymbol{A}^\top \boldsymbol{y}$, und dem gesuchten Lösungsvektor $\boldsymbol{\lambda} \in \mathbf{R}^m$. Aufgrund der Eigenschaften der Matrix $\boldsymbol{A}^\top \boldsymbol{A}$ ist zur Lösung des Normalgleichungssystems prinzipiell die Cholesky-Zerlegung einsetzbar, welche aber im Hinblick auf Rundungsfehler numerisch ungünstig sein kann (siehe z. B. [1]). Vorteilhafter ist hier die Anwendung der schon aus Abschnitt 3.4.3 bekannten QR-Zerlegung. Diese kann in einer Variante direkt auf die Matrix $\boldsymbol{A}$ angewendet werden, siehe z. B. [1], [5].
- Man bezeichnet $\boldsymbol{r} := \boldsymbol{A}\boldsymbol{\lambda} - \boldsymbol{y}$ als **Residuumsvektor**. Aufgrund der Überbestimmtheit des Fehlergleichungssystems wird in der Regel $\boldsymbol{r} \neq \boldsymbol{o}$ sein. Im Fall $\boldsymbol{r} = \boldsymbol{o}$ ist $\boldsymbol{\lambda}$ Lösung des Fehlergleichungssystems und es liegt eine perfekte Modellanpassung vor (was nichts anderes als eine Interpolation ist). Dies tritt z. B. immer im Fall $m = n$ ein.

Beispiel 6.2

Stellen Sie die Normalgleichungen zu Beispiel 6.1 direkt mithilfe von (6.2) als lineares Gleichungssystem auf.

Lösung: Wir haben $f_1(x) = x$, $f_2(x) = 1$ und $n = 4$ verschiedene Wertepaare. Die Matrix $\boldsymbol{A}$ ist also eine 4×2-Matrix, nämlich:

$$\boldsymbol{A} = \begin{pmatrix} f_1(x_1) & f_2(x_1) \\ f_1(x_2) & f_2(x_2) \\ f_1(x_3) & f_2(x_3) \\ f_1(x_4) & f_2(x_4) \end{pmatrix} = \begin{pmatrix} f_1(1) & f_2(1) \\ f_1(2) & f_2(2) \\ f_1(3) & f_2(3) \\ f_1(4) & f_2(4) \end{pmatrix} = \begin{pmatrix} 1 & 1 \\ 2 & 1 \\ 3 & 1 \\ 4 & 1 \end{pmatrix}$$

Damit ist $\boldsymbol{A}^\top \boldsymbol{A} = \begin{pmatrix} 1 & 2 & 3 & 4 \\ 1 & 1 & 1 & 1 \end{pmatrix} \begin{pmatrix} 1 & 1 \\ 2 & 1 \\ 3 & 1 \\ 4 & 1 \end{pmatrix} = \begin{pmatrix} 30 & 10 \\ 10 & 4 \end{pmatrix}$,

und $\boldsymbol{A}^\top \boldsymbol{y} = \begin{pmatrix} 1 & 2 & 3 & 4 \\ 1 & 1 & 1 & 1 \end{pmatrix} \begin{pmatrix} 6 \\ 6.8 \\ 10 \\ 10.5 \end{pmatrix} = \begin{pmatrix} 91.6 \\ 33.3 \end{pmatrix}$

Damit stellt $\boldsymbol{A}^\top \boldsymbol{A} \boldsymbol{\lambda} = \boldsymbol{A}^\top \boldsymbol{y}$ das gleiche lineare Gleichungssystem dar, das wir schon in Beispiel 6.1 erhalten hatten. ■

Aufgabe

6.1 Bestimmen Sie die Ausgleichsgeraden zu den folgenden Daten:

x_i	−1	0	1	2	3
y_i	1	3.5	6	8.5	10

x_i	−1	0	1	2	3
y_i	1	0.5	−0.5	−2	−4

x_i	−2	0	1	3	4
y_i	5	6	8	8.5	9.5

x_i	−1	0	1	2	3	4
y_i	2	6	7	8	10	12

Wir haben gesehen, dass ein lineares Ausgleichsproblem auf ein lineares Gleichungssystem führt. Das liegt daran, dass der Ansatz linear in den Parametern λ_i ist – daher ja die Bezeichnung „lineares Ausgleichsproblem“. Das sagt allerdings nichts über die einzelnen Basisfunktionen f_i aus, diese können durchaus nichtlinear sein, und trotzdem bleibt es ein lineares Ausgleichsproblem. Wir können z. B. die e-Funktion als Basisfunktion verwenden.

Beispiel 6.3

Gegeben sind die Daten

x_i	0	1	2	3	4
y_i	6	12	30	80	140

Bestimmen Sie eine Funktion der Form $f(x) = a\mathrm{e}^x + b$, die diese Daten bestmöglich im Sinne der kleinsten Fehlerquadrate approximiert.

Lösung: Wir haben hier die Ansatzfunktionen $f_1(x) = \mathrm{e}^x$ und $f_2(x) = 1$ zu verwenden. Das Fehlergleichungssystem hat dann die folgende Form

$$\boldsymbol{A\lambda} = \boldsymbol{y} \Longleftrightarrow \begin{pmatrix} 1.0 & 1.0 \\ 2.718281828 & 1.0 \\ 7.389056099 & 1.0 \\ 20.08553692 & 1.0 \\ 54.59815003 & 1.0 \end{pmatrix} \boldsymbol{\lambda} = \begin{pmatrix} 6 \\ 12 \\ 30 \\ 80 \\ 140 \end{pmatrix}$$

Das zugehörige Normalgleichungssystem lautet dann

$$\boldsymbol{A}^\top \boldsymbol{A\lambda} = \boldsymbol{A}^\top \boldsymbol{y} \Longleftrightarrow \begin{pmatrix} 3447.373987 & 85.79102488 \\ 85.79102488 & 5.0 \end{pmatrix} \boldsymbol{\lambda} = \begin{pmatrix} 9510.875023 \\ 268.0 \end{pmatrix}$$

Dieses hat die Lösung $\boldsymbol{\lambda} = \begin{pmatrix} 2.486883919 \\ 10.92953597 \end{pmatrix}$, sodass die gesuchte Ausgleichsfunktion

$$f(x) = 2.486883919\,\mathrm{e}^x + 10.92953597$$

lautet. Bild 6.2 zeigt die Daten zusammen mit dieser Ausgleichsfunktion.

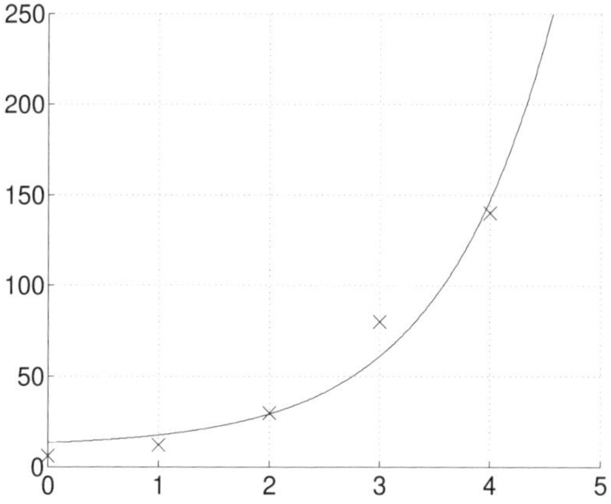

Bild 6.2 Lösung zu Beispiel 6.3

■

Aufgabe

6.2 Bestimmen Sie die Ausgleichsfunktionen zu den folgenden Daten entsprechend dem angegebenen Ansatz:

x_i	−1	0	1	2	3
y_i	3	2	9	21	49

Ansatz: $f_1(x) = a + bx + cx^2$

x_i	−1	0	3	8	15
y_i	−1	3	10	27	42

Ansatz: $f_2(x) = a\sqrt{x+1} + bx$

Ein lineares Ausgleichsproblem heißt **linear**, weil es linear in den Parametern λ_i ist. Die einzelnen verwendeten Basisfunktionen f_i können dabei nichtlinear sein. ∎

Wir wenden uns nun Ansätzen zu, in denen das nicht mehr der Fall ist. Dies sind also Ansätze, die nicht mehr auf ein lineares Gleichungssystem führen und damit deutlich schwerer zu lösen sind. In Anwendungen treten diese aber nicht selten auf.

Beispiel 6.4
Gegeben sind die Daten

x_i	0	1	2	3	4
y_i	3	1	0.5	0.2	0.05

Bestimmen Sie mit den bis hierhin behandelten Techniken eine Funktion der Form $f(x) = a\mathrm{e}^{b\cdot x}$, die diese Daten möglichst gut approximiert.

Lösung: In dem Ansatz können wir nicht wie bisher Basisfunktionen identifizieren. Es handelt sich um einen nichtlinearen Ansatz. Wir können uns aber helfen, indem wir f logarithmieren, $\ln f(x) = \ln a + b\,x$, und so einen linearen Ansatz in Form einer Ausgleichsgerade erhalten. Diese Ausgleichsgerade müssen wir aber nicht an die gegebenen Daten, sondern an die logarithmierten anpassen. Wir müssen also anstelle von $\boldsymbol{y} = (y_1,\dots,y_5)^\top$ in den Normalgleichungen $\boldsymbol{y}_{ln} = (\ln y_1,\dots,\ln y_5)^\top$ verwenden. Wir erhalten die Ausgleichsgerade

$$y = -0.9798127040\,x + 1.119684393.$$

Daraus lesen wir die gesuchten Parameter $b = -0.979812704$ und $\ln a = 1.11968439$ ab. Die in der Aufgabenstellung gesuchte Funktion lautet also

$$f(x) = \mathrm{e}^{1.11968439}\,\mathrm{e}^{-0.9798127040\,x} = 3.063887066\,\mathrm{e}^{-0.9798127040\,x}.$$

Die Logarithmen der Daten, die einer Modellgleichung der Form $f(x) = a\mathrm{e}^{b\cdot x}$ gehorchen, liegen also etwa auf einer Geraden. In der Praxis werden solche Daten häufig gleich auf einfach logarithmischem Papier aufgetragen, wo es dann augenfällig wird, dass sie auf einer Geraden liegen.
Man beachte aber, dass dieses Vorgehen kein echter nichtlinearer Ausgleich ist. Wir werden dieses Beispiel im nächsten Abschnitt noch einmal aufgreifen, siehe Beispiel 6.5. ∎

6.3 Nichtlineare Ausgleichsprobleme

Das allgemeine Ausgleichsproblem

Gegeben sei eine Menge $\mathcal{F}$ von Ansatzfunktionen f_p, die von m Parametern $\lambda_1, \lambda_2 \ldots, \lambda_m$ abhängen:

$$\mathcal{F} := \{ f_p(\lambda_1, \lambda_2 \ldots, \lambda_m, .) \mid \lambda_i \in \mathbb{R} \text{ für alle } i = 1, \ldots, m \},$$

sowie n Wertepaare (x_i, y_i), $i = 1, \ldots, n$ mit $x_i \neq x_j$ für $i \neq j$. Das Fehlerfunktional ist dann

$$E(\lambda_1, \lambda_2, \ldots, \lambda_m) = \sum_{i=1}^{n} (y_i - f_p(\lambda_1, \lambda_2 \ldots, \lambda_m, x_i))^2$$

und lässt sich mit den Bezeichnungen

$$\boldsymbol{f}(\lambda_1, \ldots, \lambda_m) := \begin{pmatrix} f_1(\lambda_1, \ldots, \lambda_m) \\ \vdots \\ f_n(\lambda_1, \ldots, \lambda_m) \end{pmatrix} := \begin{pmatrix} y_1 - f_p(\lambda_1, \ldots, \lambda_m, x_1) \\ \vdots \\ y_n - f_p(\lambda_1, \ldots, \lambda_m, x_n) \end{pmatrix}$$

schreiben als

$$E(\lambda_1, \ldots, \lambda_m) = \sum_{i=1}^{n} f_i(\lambda_1, \ldots, \lambda_m)^2 = \| \boldsymbol{f}(\lambda_1, \ldots, \lambda_m) \|_2^2 = \| \boldsymbol{f}(\boldsymbol{\lambda}) \|_2^2$$

Das **Ausgleichsproblem** lautet:

- Finde $\lambda_1, \lambda_2 \ldots, \lambda_m$ so, dass $E(\lambda_1, \lambda_2 \ldots, \lambda_m)$ minimal wird unter allen zulässigen Parameterbelegungen.

■

Der Fall, dass die Ansatzfunktionen f_p linear in den Parametern sind, stellt das lineare Ausgleichsproblem dar und ist in obiger Definition eingeschlossen. Da wir den linearen Fall bereits behandelt haben, wenden wir uns nun dem nichtlinearen zu.

Das Ausgleichsproblem fordert also die Bestimmung der Stelle, an der eine Funktion $E : \mathbb{R}^m \longrightarrow \mathbb{R}$ minimal wird. Im Prinzip könnten wir wieder die Normalgleichungen aufstellen, indem wir die partiellen Ableitungen von f nach den Parametern λ_i gleich Null setzen und das entstehende, diesmal nichtlineare, Gleichungssystem lösen. Im folgenden Beispiel wollen wir einmal so vorgehen.

Beispiel 6.5

An die Daten aus Beispiel 6.4 soll eine Ansatzfunktion $f(x) = a\mathrm{e}^{b \cdot x}$ bestmöglich im Sinne der kleinsten Fehlerquadrate angepasst werden.

Lösung: Wir haben also in der Ansatzfunktion $f_p(a, b, x) := a\mathrm{e}^{b \cdot x}$ zwei Parameter a und b so zu bestimmen, dass

$$E(a, b) := \sum_{i=1}^{5} (y_i - f_p(a, b, x_i))^2 = \sum_{i=1}^{5} (y_i - a\mathrm{e}^{b x_i})^2$$

minimal wird. Setzen wir die partiellen Ableitungen zu Null, so erhalten wir

$$0 = \frac{\partial E(a,b)}{\partial a} = -2 \sum_{i=1}^{5} (y_i - a\mathrm{e}^{b \cdot x_i})\, \mathrm{e}^{b x_i}$$

$$0 = \frac{\partial E(a,b)}{\partial b} = -2 \sum_{i=1}^{5} (y_i - a\mathrm{e}^{b \cdot x_i})\, a\mathrm{e}^{b x_i}\, x_i.$$

Dies ist ein nichtlineares Gleichungssystem mit zwei Unbekannten, das im Prinzip mit dem mehrdimensionalen Newton-Verfahren (siehe Kapitel 4) lösbar ist. Bei dem vorliegenden Beispiel haben wir sogar den Vorteil, dass die Gleichungen linear in der Variablen a sind. Wir könnten daher die erste Gleichung nach a auflösen und das Ergebnis in die zweite Gleichung einsetzen. Auf diese Weise haben wir nur noch eine Gleichung in der Unbekannten b zu lösen, was prinzipiell mit dem eindimensionalen Newton-Verfahren aus Kapitel 2 möglich ist. Als Ergebnis erhalten wir:

$$a = 2.981658972 \quad \text{und} \quad b = -1.003281352.$$

Zum Vergleich: In Beispiel 6.4 hatten wir das vorliegende Ausgleichsproblem durch Logarithmieren in ein lineares überführt und

$$a = 3.063887066 \quad \text{und} \quad b = -0.9798127040$$

gefunden. Wir sehen also, dass es sich tatsächlich um verschiedene Modellanpassungen handelt. Der Grund, dass die Anpassung der logarithmierten Ansatzfunktion an die logarithmierten Daten ein anderes Ergebnis liefert, ist, dass der Logarithmus nicht abstandserhaltend ist. ■

Wenngleich das Vorgehen in obigem Beispiel zum Ergebnis führt, so hat es in der Praxis doch große Nachteile. Zunächst benötigt man die partiellen Ableitungen des Fehlerfunktionals, die nicht unbedingt zur Verfügung stehen (und bei Ansätzen mit vielen Parametern kaum handhabbar sind). Weiter konvergiert das Newton-Verfahren nur, wenn eine genügend gute Anfangsnäherung gegeben ist. In unserem Fall bedeutet dies, dass wir Näherungen für die optimalen Parameter zur Verfügung haben sollten. Auch das ist in der Praxis häufig nicht gegeben. Wir werden daher im Folgenden einen anderen Weg einschlagen und Minimierungsverfahren betrachten, die diese Nachteile nicht aufweisen.

6.4 Das Gauß-Newton-Verfahren

Ausgangspunkt ist ein Minimierungsproblem, wie es in der nichtlinearen Ausgleichsrechnung auftritt.

Definition

Gegeben ist $\boldsymbol{f}: \mathbf{R}^m \longrightarrow \mathbf{R}^n$ und das zugehörige Fehlerfunktional $E: \mathbf{R}^m \longrightarrow \mathbf{R}$, definiert durch $E(\boldsymbol{x}) := \|\boldsymbol{f}(\boldsymbol{x})\|_2^2$.
Das Problem, einen Vektor $\boldsymbol{x}$ zu finden, für den $E(\boldsymbol{x})$ minimal wird, nennt man **Quadratmittelproblem**.

■

Nichtlineare Ausgleichsprobleme sind also Quadratmittelprobleme. Andererseits kann auch ein nichtlineares Gleichungssystem, wie wir es in Kapitel 4 betrachtet haben, als ein Quadratmittelproblem angesehen werden: Wenn nämlich $\boldsymbol{f}(\boldsymbol{x}) = \boldsymbol{o}$ ist, so liegt in $\boldsymbol{x}$ auch ein Minimum der Norm von $\boldsymbol{f}$ vor.

Das Gauß-Newton-Verfahren besteht aus einer Kombination von linearer Ausgleichsrechnung und dem Newton-Verfahren. Wir ersetzen in $\|\boldsymbol{f}(\boldsymbol{x})\|_2^2$ den Vektor $\boldsymbol{f}(\boldsymbol{x})$ durch eine Linearisierung und minimieren den entstehenden Ausdruck. Auf diese Weise haben wir ein nichtlineares Ausgleichsproblem durch ein lineares ersetzt. Diesen Prozess iterieren wir dann, ähnlich dem Newton-Verfahren.
Angenommen wir haben bereits eine Näherung $\boldsymbol{x}^{(0)}$ vorliegen. Wir definieren das in $\boldsymbol{x}^{(0)}$ linearisierte Ausgleichsproblem über

$$\tilde{E}(\boldsymbol{x}) := \|\boldsymbol{f}(\boldsymbol{x}^{(0)}) + \boldsymbol{Df}(\boldsymbol{x}^{(0)})\,(\boldsymbol{x} - \boldsymbol{x}^{(0)})\|_2^2,$$

wobei $\boldsymbol{Df}(\boldsymbol{x}^{(0)})$ die Jacobi-Matrix in $\boldsymbol{x}^{(0)}$ bezeichnet (siehe (4.1)). Das Minimieren von $\tilde{E}$ ist ein lineares Ausgleichsproblem; seine Lösung sollte eine bessere Näherung als $\boldsymbol{x}^{(0)}$ sein und wird daher als $\boldsymbol{x}^{(1)}$ verwendet.

Das Gauß-Newton-Verfahren
Sei $\boldsymbol{x}^{(0)}$ ein Startvektor in der Nähe einer Minimalstelle von E.
Das **Gauß-Newton-Verfahren** zur näherungsweisen Bestimmung einer Minimalstelle lautet:

Für $n = 0, 1, \ldots$:

- Berechne $\boldsymbol{\delta}^{(n)}$ als Lösung des linearen Ausgleichsproblems:

$$\text{minimiere } \|\boldsymbol{f}(\boldsymbol{x}^{(n)}) + \boldsymbol{Df}(\boldsymbol{x}^{(n)})\,\boldsymbol{\delta}^{(n)}\|_2^2$$

- Setze $\quad \boldsymbol{x}^{(n+1)} := \boldsymbol{x}^{(n)} + \boldsymbol{\delta}^{(n)}$.

■

In der Praxis verwendet man eine Variante, das sog. **gedämpfte Gauß-Newton-Verfahren**:

Algorithmus 6.1
Das gedämpfte Gauß-Newton-Verfahren

Input: $\boldsymbol{x}^{(0)}$ ein Startvektor in der Nähe einer Minimalstelle von E

1: **for** $n = 0, 1, \ldots$ **do**

2: {*Berechne* $\boldsymbol{\delta}^{(n)}$ *als Lösung des linearen Ausgleichsproblems:*
„*minimiere* $\|\boldsymbol{f}(\boldsymbol{x}^{(n)}) + \boldsymbol{Df}(\boldsymbol{x}^{(n)})\boldsymbol{\delta}^{(n)}\|_2^2$“}

3: löse $\boldsymbol{Df}(\boldsymbol{x}^{(n)})^\top \boldsymbol{Df}(\boldsymbol{x}^{(n)})\boldsymbol{\delta}^{(n)} = -\boldsymbol{Df}(\boldsymbol{x}^{(n)})^\top \boldsymbol{f}(\boldsymbol{x}^{(n)})$

4: {*Schrittweitenbestimmung für den Dämpfungsschritt:*}

5: bestimme die größte Zahl $t \in \{1, \frac{1}{2}, \frac{1}{4}, \ldots\}$, für die mit
$\varphi(t) := \|\boldsymbol{f}(\boldsymbol{x}^{(n)} + t\boldsymbol{\delta}^{(n)})\|_2^2$ gilt $\varphi(t) < \varphi(0)$

6: $\boldsymbol{x}^{(n+1)} := \boldsymbol{x}^{(n)} + t\boldsymbol{\delta}^{(n)}$.

7: **end for**

Output: $\boldsymbol{x}^{(n)}$, eine Näherung für die Minimalstelle von E

Streicht man die Zeilen 4 und 5 und setzt in Zeile 6 $t = 1$, so erhält man das ungedämpfte Gauß-Newton-Verfahren ■

Bemerkungen:

- Wir haben hier einen **Dämpfungsschritt** eingeführt, indem wir die Korrekturrichtung $\boldsymbol{\delta}^{(n)}$ mit einem Faktor t multipliziert haben. Dieser Faktor t wird durch fortlaufende Halbierung bestimmt. Damit wird zum einen der Einzugsbereich des Verfahrens vergrößert, d. h., es wird für einen größeren Bereich von Startvektoren konvergieren als das ungedämpfte Gauß-Newton-Verfahren (welches der Wahl $t = 1$ entspricht). Zum anderen erreicht man einen echten Abstieg der Funktionswerte in dem Sinne, dass
$$\|\boldsymbol{f}(\boldsymbol{x}^{(n+1)})\|_2 = \varphi(t) < \varphi(0) = \|\boldsymbol{f}(\boldsymbol{x}^{(n)})\|_2.$$
- Als Abbruchkriterium der Iteration kann wie beim Newton-Verfahren aus Kap. 4 $\|t\boldsymbol{\delta}^{(n)}\| < TOL$ für eine Norm $\|.\|$ verwendet werden. Bei Verwendung der ∞-Norm bricht die Iteration dann ab, wenn sich zwei aufeinanderfolgende Iterierte in jeder Komponente um höchstens TOL unterscheiden. Wiederum garantiert dies aber nicht, dass die berechnete Näherung einen maximalen Abstand von TOL zur gesuchten Minimalstelle besitzt.
- Im Fall, dass das Quadratmittelproblem ein nichtlineares Gleichungssystem ist, stimmt wegen der Regularität von $\boldsymbol{Df}(\boldsymbol{x}^{(n)})$ die Korrektur $\boldsymbol{\delta}^{(n)}$ mit der gewöhnlichen Newton-Korrektur überein und das gedämpfte Gauß-Newton-Verfahren geht über in das gedämpfte Newton-Verfahren. Es handelt sich beim

gedämpften Gauß-Newton-Verfahren also um eine Verallgemeinerung des gedämpften Newton-Verfahrens (welches selbst eine Verallgemeinerung des Newton-Verfahrens darstellt).

Beispiel 6.6

Beispiel 6.5 soll mit dem ungedämpften und dem gedämpften Gauß-Newton-Verfahren bearbeitet werden und die Ergebnisse verglichen werden.

Lösung: f hat also die Komponenten $f_i(a,b) := y_i - a\mathrm{e}^{bx_i}$. Daher lautet die i-te Zeile der Jacobi-Matrix $(Df)_i(a,b) = (-\mathrm{e}^{bx_i}, -ax_i\,\mathrm{e}^{bx_i})$. Für die gesuchte Minimalstelle (a,b) erwarten wir $a > 0$ (da die y-Werte der Ausgangsdaten positiv sind) und $b < 0$ (da die y-Werte der Ausgangsdaten monoton fallen). Ein geeigneter Startvektor wäre z. B. $\boldsymbol{x}^{(0)} = (1, -1.5)$. Davon ausgehend liefert das ungedämpfte Gauß-Newton-Verfahren die folgenden Näherungen (teilweise mit verringerter Ziffernzahl wiedergegeben):

i	0	1	2	5	10
$\boldsymbol{x}^{(i)}$	$\begin{pmatrix}1\\-1.5\end{pmatrix}$	$\begin{pmatrix}2.99\\0.392\end{pmatrix}$	$\begin{pmatrix}1.26\\0.279\end{pmatrix}$	$\begin{pmatrix}2.91\\-0.856\end{pmatrix}$	$\begin{pmatrix}2.981658705\\-1.003280776\end{pmatrix}$

Ab $\boldsymbol{x}^{(13)} = \begin{pmatrix}2.981658972\\-1.003281352\end{pmatrix}$ tritt keine Veränderung an den Ziffern mehr ein. Dies stimmt mit dem Ergebnis aus Beispiel 6.5 überein. Aber z. B. für den Startvektor $\boldsymbol{x}^{(0)} = (2,2)^\top$ tritt keine Konvergenz ein.

Dagegen die Ergebnisse des gedämpften Gauß-Newton-Verfahrens:

i	0	1	2	3	4
$\boldsymbol{x}^{(i)}$	$\begin{pmatrix}1\\-1.5\end{pmatrix}$	$\begin{pmatrix}1.99\\-0.554\end{pmatrix}$	$\begin{pmatrix}2.919\\-0.951\end{pmatrix}$	$\begin{pmatrix}2.980\\-0.999\end{pmatrix}$	$\begin{pmatrix}2.981516868\\-1.002965939\end{pmatrix}$

Ab $\boldsymbol{x}^{(7)} = \begin{pmatrix}2.981658324\\-1.003279952\end{pmatrix}$ tritt keine Veränderung an den Ziffern mehr ein. Man sieht, dass das gedämpfte Gauß-Newton-Verfahren bei gleichem Startvektor wesentlich schneller konvergiert. Weitere Ergebnisse:

i	0	1	2	5	10
$\boldsymbol{x}^{(i)}$	$\begin{pmatrix}2\\2\end{pmatrix}$	$\begin{pmatrix}0.00384\\2.00\end{pmatrix}$	$\begin{pmatrix}0.00384\\1.75\end{pmatrix}$	$\begin{pmatrix}0.207\\-0.752\end{pmatrix}$	$\begin{pmatrix}2.981652024\\-1.003266310\end{pmatrix}$

Ab $\boldsymbol{x}^{(14)} = \begin{pmatrix}2.981658971\\-1.003281352\end{pmatrix}$ tritt keine Veränderung an den Ziffern mehr ein. Man sieht, dass das gedämpfte Gauß-Newton-Verfahren auch für Startvektoren konvergiert, für die das ungedämpfte Gauß-Newton-Verfahren nicht konvergiert. ■

Aufgabe

6.3 Bestimmen Sie die Ausgleichsfunktion vom Typ $f(x) = a\ln(x+b)$ zu den folgenden Daten:

x_i	1	2	3	4
y_i	7.1	7.9	8.3	8.8

In diesem Kapitel haben wir

- Ausgleichsfunktionen als Mittel zur näherungsweisen Beschreibung des Zusammenhangs zwischen x- und y-Werten aus gegebenen Wertepaaren kennengelernt,
- als einfachstes Beispiel die Ausgleichsgerade durchgerechnet,
- gesehen, wie man auch mit allgemeineren Ansatzfunktionen rechnen kann,
- das nichtlineare Ausgleichsproblem formuliert,
- das Gauß-Newton-Verfahren und seine gedämpfte Variante als numerische Lösungsmethode für nichtlineare Ausgleichsprobleme kennengelernt.

■

7 Numerische Differenziation und Integration

7.1 Numerische Differenziation

In vielen Anwendungen werden Werte von Ableitungen von Funktionen benötigt. In den seltensten Fällen steht aber die Ableitung f' als Funktion, die man nur noch auswerten müsste, zur Verfügung. Es müssen also Näherungen für die Werte der Ableitung berechnet werden.

7.1.1 Problemstellung

Gegeben ist eine differenzierbare Funktion $f:[a,b]\longrightarrow \mathbf{R}$ und $x_0\in(a,b)$.
Gesucht sind Näherungswerte für $f'(x_0)$. Darüber hinaus könnten auch Näherungswerte für $f''(x_0)$ und höhere Ableitungen gesucht sein. Hintergrund für die Näherungsformeln, die wir hier verwenden werden, ist die Definition der Ableitung als Grenzwert eines Differenzenquotienten

$$f'(x_0)=\lim_{x\to x_0}\frac{f(x)-f(x_0)}{x-x_0}\approx\frac{f(x_0+h)-f(x_0)}{h}=:D_1f(x_0,h)$$

Man nennt D_1f eine **Differenzenformel** oder **finite Differenz erster Ordnung**. Zur Herleitung von Differenzenformeln und deren Fehlerdarstellung dient der folgende Satz.

> **!**
>
> **Satz von Taylor**
> Sei $f:[a,b]\longrightarrow\mathbf{R}$ $(n+1)$ mal stetig differenzierbar, $x_0\in[a,b]$. Dann gibt es für alle $x\in[a,b]$ ein z zwischen x_0 und x so, dass
>
> $$f(x)=\sum_{i=0}^{n}\frac{f^{(i)}(x_0)}{i!}(x-x_0)^i+R_{n+1}(x)\qquad(7.1)$$

wobei $R_{n+1}(x) = \frac{f^{(n+1)}(z)}{(n+1)!}(x-x_0)^{n+1}$.

R_{n+1} heißt auch **Taylorsches Restglied**. Es hat genau die gleiche Gestalt wie der $(n+1)$-te Summand in der Summe, nur dass die Ableitung an einer unbekannten Zwischenstelle z und nicht am Entwicklungspunkt x_0 genommen wird. ■

Liest man (7.1) mit $x = x_0 + h$ und $n = 1$, so erhält man:

$$f(x_0+h) = f(x_0) + f'(x_0)\,h + \frac{f''(z)}{2}h^2$$

Damit erhalten wir eine Fehlerdarstellung für die Differenzenformel $D_1 f$

$$D_1 f(x_0,h) - f'(x_0) = \frac{f''(z)}{2}h$$

Definition

Bei einer Differenzenformel D_f für $f'(x_0)$ bezeichnet man den Fehler

$$|D_f(x_0,h) - f'(x_0)|$$

als **Diskretisierungsfehler** oder **Abschneidefehler**. Die Formel D_f hat die **Fehlerordnung** (oder kurz: Ordnung) k, falls es ein $C > 0$ gibt, sodass für genügend kleines h gilt:

$$|D_f(x_0,h) - f'(x_0)| \le C\,h^k.$$

■

Bemerkungen:

- Die obige Definition verwenden wir nicht für erste Ableitungen, sondern analog auch für Differenzenformeln zur Approximation höherer Ableitungen.
- Man bezeichnet Ausdrücke, die für genügend kleines h durch $C\,h^k$ beschränkt sind, auch mit $O(h^k)$. Für den Diskretisierungsfehler notiert man dann

$$|D_f(x_0,h) - f'(x_0)| = O(h^k).$$

Beispiel 7.1
Zu bestimmen ist die Fehlerordnung von $D_1 f$.

Lösung: Aus Obigem folgt sofort:

$$|D_1 f(x_0,h) - f'(x_0)| \le \frac{|f''(z)|}{2}h \le C\,h,$$

wobei wir $C := 0.5 \cdot \max\{|f''(x)| \mid x \in [x_0 - h_0, x_0 + h_0]\}$ gesetzt haben. Die obige Abschätzung gilt dann für alle h mit $|h| \le h_0$. ■

Formeln mit höherer Ordnung sind in der Regel genauer als solche mit niedriger Ordnung, denn:

Hat eine Formel Ordnung 1, so gilt für den Fehler $E(h) \approx Ch$. Halbiert man also h, so halbiert sich auch der Fehler. Dagegen gilt für eine Formel zweiter Ordnung $E(h) \approx Dh^2$, wodurch bei Halbierung von h der Fehler geviertelt wird. Der Fehler einer Formel höherer Ordnung wird also schneller kleiner als der einer Formel niedriger Ordnung. Für die aktuelle Größe des Fehlers spielen natürlich auch die Konstanten C und D eine Rolle, aber in der Regel sind diese in gemäßigter Größenordnung, sodass für die Fehlergröße mehr oder weniger allein h ausschlaggebend ist.

Beispiel 7.2
Die Formel $D_1 f$ soll für $f(x) = \sin x$ und $x_0 = 1$ mit verschiedenen Werten für h getestet werden und der dabei auftretende Fehler beobachtet werden.

Lösung: Mit 10-stelliger dezimaler Rechnung erhält man:

h	$\lvert D_1 f(1,h) - \cos 1\rvert$	h	$\lvert D_1 f(1,h) - \cos 1\rvert$
10^{-1}	0.0429385529	10^{-7}	0.0003023059
10^{-2}	0.0042163259	10^{-8}	0.0003023059
10^{-3}	0.0004208059	10^{-9}	0.0403023059
10^{-4}	0.0000423059	10^{-10}	0.5403023059
10^{-5}	0.0000023059	10^{-11}	0.5403023059
10^{-6}	0.0000023059	10^{-12}	0.5403023059

In der Tabelle erkennt man, dass der Fehler bei abnehmendem h zunächst immer kleiner wird, wie erwartet. Danach wird er wieder größer, und ab 10^{-10} bleibt er gleich 0.54... Letzteres ist ein Effekt der Maschinengenauigkeit von, bei 10-stelliger dezimaler Rechnung, $eps = 5 \cdot 10^{-10}$: Da für $h < eps$ auf dem Rechner $1 + h$ und 1 identisch sind, wird $D_1 f(1,h) = 0$ und damit ist der Fehler einfach $\cos 1 = 0.5403023059$. Ersteres ist eine Folge der Auslöschung (siehe Abschnitt 1.2): Da $\sin(1+h)$ und $\sin 1$ auf dem Rechner fast gleich sind, rutschen bei der Differenz fehlerbehaftete Ziffern nach vorne, und durch die Division durch h verstärkt sich der Effekt noch. Man hat also ein Dilemma – wählt man h zu klein, ist das Ergebnis u. U. durch Rundungsfehler zu groß, wählt man h zu groß, ist der Diskretisierungsfehler noch zu groß. In diesem Beispiel scheint die optimale Schrittweite h bei 10^{-5} bis 10^{-6} zu liegen. ∎

Wir betrachten die Situation nun genauer. Der Gesamtfehler setzt sich zusammen aus dem Rundungsfehler und dem Diskretisierungsfehler:

$$\begin{aligned}|\mathrm{rd}(D_1 f(x_0,h)) - f'(x_0)| &\le |\mathrm{rd}(D_1 f(x_0,h)) - D_1 f(x_0,h)| + |D_1 f(x_0,h) - f'(x_0)| \\ &\approx \frac{2E}{h} + \frac{1}{2} \cdot |f''(x_0)| \cdot h,\end{aligned}$$

wobei wir mit $\mathrm{rd}(D_1 f(x_0, h))$ alle Fehler bei der maschinellen Auswertung von $D_1 f(x_0, h)$ zusammengefasst und die Dreiecksungleichung benutzt haben. Mit E ist der absolute Fehler eines Funktionswerts bezeichnet. Mit den Angaben aus Beispiel 7.2 haben wir dann das in Bild 7.1 dargestellte Verhalten der beiden beteiligten Fehler.

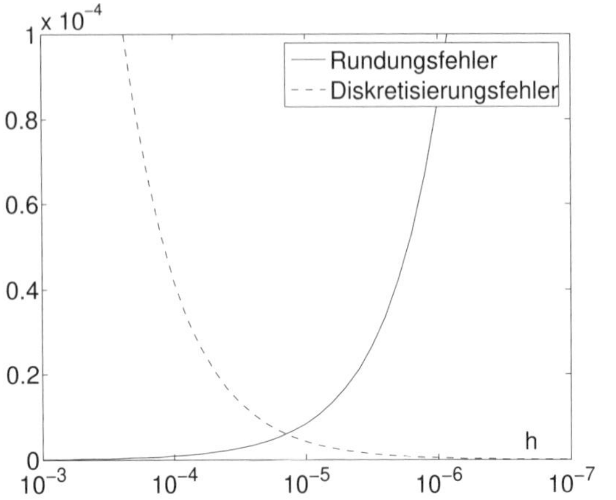

Bild 7.1 Rundungs- und Diskretisierungsfehler in Beispiel 7.2

Die Schrittweite h ist optimal, wenn der Gesamtfehler minimal ist. Dazu differenziert man den Gesamtfehler $\frac{2E}{h} + \frac{1}{2} \cdot |f''(x_0)| \cdot h$ nach h, setzt diese Ableitung gleich Null und löst nach h auf. Also:

$$-\frac{2E}{h} + \frac{1}{2} \cdot |f''(x_0)| = 0, \text{ also } \quad h = \sqrt{\frac{4E}{|f''(x_0)|}} \tag{7.2}$$

Der absolute Fehler E eines Funktionswerts kann mit $E \approx eps \cdot |f(x_0)|$ angesetzt werden, wobei eps die Maschinengenauigkeit ist (siehe Kapitel 1). Damit erhalten wir

$$h_{opt} \approx 2\sqrt{eps \cdot \frac{|f(x_0)|}{|f''(x_0)|}} \tag{7.3}$$

Die Formel (7.3) ist natürlich nur von beschränktem Wert, denn in der Regel steht $|f''(x_0)|$ nicht zur Verfügung (wir sind ja dabei, $f'(x_0)$ zu berechnen, da wäre es vermessen anzunehmen, wir würden $|f''(x_0)|$ kennen). (7.3) kann aber eine Vorstellung von der Größenordnung des optimalen h vermitteln.

Beispiel 7.3
Bestimmen Sie das optimale h für Beispiel 7.2 mit der Formel (7.3).

Lösung: Wir hatten 10-stellige dezimale Rechnung benutzt mit $f = \sin$ und $x_0 = 1$. Also $|f(x_0)| = |f''(x_0)| = |\sin 1|$, $eps = 5 \cdot 10^{-10}$. Damit liest sich (7.3) als

$$h_{opt} = 2\sqrt{eps \cdot \frac{|f(x_0)|}{|f''(x_0)|}} = 2\sqrt{5 \cdot 10^{-10}} \approx 4.5 \cdot 10^{-5},$$

was etwa dem Wert des optimalen h entspricht, den wir schon aus der Tabelle ablesen konnten. ■

Zur Herleitung einer genaueren Differenzenformel lesen wir die Taylorformel (7.1) mit $x = x_0 \pm h$ und $n = 2$ und erhalten:

$$f(x_0 + h) = f(x_0) + f'(x_0)\,h + \frac{f''(x_0)}{2}h^2 + \frac{f'''(x_0)}{6}h^3 + \frac{f^{(4)}(z_1)}{24}h^4$$

$$f(x_0 - h) = f(x_0) - f'(x_0)\,h + \frac{f''(x_0)}{2}h^2 - \frac{f'''(x_0)}{6}h^3 + \frac{f^{(4)}(z_2)}{24}h^4$$

Man sieht, dass durch Kombination der beiden Ausdrücke der Term mit h^2 eliminiert werden kann:

$$f(x_0 + h) - f(x_0 - h) = 2\,f'(x_0)\,h + \frac{f'''(x_0)}{3}h^3 + \ldots,$$

woraus wir für die Differenzenformel

$$D_2 f(x_0, h) := \frac{f(x_0 + h) - f(x_0 - h)}{2h}$$

erhalten, die als zentraler Differenzenquotient bezeichnet wird.

$$D_2 f(x_0, h) - f'(x_0) = \frac{f'''(x_0)}{6}h^2 + \ldots \tag{7.4}$$

$D_2 f$ ist damit eine Differenzenformel der Fehlerordnung 2 für $f'(x_0)$. $D_2 f$ ist eine **symmetrische** oder **zentrale** Differenzenformel.

Bemerkung:
Wegen $D_2 f(x_0, h) = D_2 f(x_0, -h)$ ist $h \mapsto D_2 f(x_0, h)$ eine gerade Funktion in h. Somit hat $D_2 f(x_0, h)$ eine Taylor-Entwicklung nur in geraden Potenzen von h. Für den Fehler gilt dann:

$$D_2 f(x_0, h) - f'(x_0) = \frac{f'''(x_0)}{6}h^2 + \frac{f^{(5)}(x_0)}{120}h^4 + \frac{f^{(7)}(x_0)}{5040}h^6 + \ldots \tag{7.5}$$

Aufgaben

7.1 Die Formel $D_2 f$ soll für $f(x) = \sin x$ und $x_0 = 1$ mit verschiedenen Werten für h getestet werden und der dabei auftretende Fehler beobachtet werden. Lesen Sie aus den Ergebnissen ein optimales h ab, bei dem der Fehler möglichst klein wird.

7.2 Bestimmen Sie eine Faustformel für die optimale Schrittweite h der Differenzenformel $D_2 f$. Wenden Sie Ihre Faustformel auf die Situation in Aufgabe 7.1 an.

7.1.2 Differenzenformeln für höhere Ableitungen

Nach dem gleichen Schema wie für die erste Ableitung können wir auch Differenzenformeln für die zweite Ableitung konstruieren. Diese sind z. B.

$$D_3 f(x_0, h) = \frac{f(x_0 + 2h) - 2f(x_0 + h) + f(x_0)}{h^2} \tag{7.6}$$

$$D_4 f(x_0, h) = \frac{f(x_0 + h) - 2f(x_0) + f(x_0 - h)}{h^2} \tag{7.7}$$

$$D_5 f(x_0, h) = \frac{f(x_0) - 2f(x_0 - h) + f(x_0 - 2h)}{h^2} \tag{7.8}$$

$D_3 f$ ist eine **Vorwärtsdifferenz**, $D_4 f$ eine **zentrale Differenz** und $D_5 f$ eine **Rückwärtsdifferenz**.

Aufgaben

7.3 Bestimmen Sie für die Formeln $D_3 f$, $D_4 f$, $D_5 f$ jeweils die Fehlerordnung, den Diskretisierungsfehler sowie eine Formel für die optimale Schrittweite.

7.4 Wenden Sie die Formeln $D_3 f$, $D_4 f$, $D_5 f$ jeweils mit verschiedenen Werten von h auf das Beispiel $f(x) = \sin x$, $x_0 = 1$ an. Bestimmen Sie aus der Tabelle das optimale h.

7.1.3 Differenzenformeln für partielle Ableitungen

Die in diesem Kapitel hergeleiteten Differenzenformeln zur näherungsweisen Berechnung von Ableitungen können natürlich genauso für partielle Ableitungen von Funktionen mehrerer Veränderlicher verwendet werden.
Sei u eine Funktion von zwei Veränderlichen. Dann erhalten wir wie vorher für die ersten Ableitungen nach x

$$D_1: \quad \frac{\partial u}{\partial x}(x_0, y_0) \approx \frac{u(x_0 + h, y_0) - u(x_0, y_0)}{h}$$

$$D_2: \quad \frac{\partial u}{\partial x}(x_0, y_0) \approx \frac{u(x_0 + h, y_0) - u(x_0 - h, y_0)}{2h}$$

und genauso für die zweiten Ableitungen nach x

$$D_3: \quad \frac{\partial^2 u}{(\partial x)^2}(x_0, y_0) \approx \frac{u(x_0+2h, y_0) - 2u(x_0+h, y_0) + u(x_0, y_0)}{h^2}$$

$$D_4: \quad \frac{\partial^2 u}{(\partial x)^2}(x_0, y_0) \approx \frac{u(x_0+h, y_0) - 2u(x_0, y_0) + u(x_0-h, y_0)}{h^2}$$

$$D_5: \quad \frac{\partial^2 u}{(\partial x)^2}(x_0, y_0) \approx \frac{u(x_0, y_0) - 2u(x_0-h, y_0) + u(x_0-2h, y_0)}{h^2}$$

Analog definiert man die Differenzenformeln für die partiellen Ableitungen nach y. Man kann mit D_4 auch eine Näherungsformel für

$$\Delta u(x, y) := \frac{\partial^2 u}{(\partial x)^2}(x, y) + \frac{\partial^2 u}{(\partial y)^2}(x, y)$$

(Δ wird Laplace-Operator genannt) herleiten:

$$\begin{aligned}\Delta u(x_0, y_0) &\approx \frac{u(x_0+h, y_0) - 2u(x_0, y_0) + u(x_0-h, y_0)}{h^2} \\ &\qquad + \frac{u(x_0, y_0+h) - 2u(x_0, y_0) + u(x_0, y_0-h)}{h^2} \\ &= \frac{u(x_0+h, y_0) + u(x_0-h, y_0) + u(x_0, y_0+h) + u(x_0, y_0-h) - 4u(x_0, y_0)}{h^2}\end{aligned}$$

Die Fehlerordnungen bei allen diesen Formeln sind natürlich dieselben wie im Falle einer Veränderlichen.

7.1.4 Extrapolation

Wir hatten gesehen, dass eine Formel höherer Ordnung in der Regel genauer ist als eine Formel niedriger Ordnung. Es gibt nun eine einfache Methode, aus einer Formel niedriger Ordnung eine höherer Ordnung zu gewinnen.

Beispiel 7.4
Aus der Differenzenformel $D_1 f(x_0, h)$, die ja die Fehlerordnung 1 hat, soll unter Verwendung der Schrittweiten h und $\frac{h}{2}$ eine Differenzenformel der Fehlerordnung 2 gewonnen werden.

Lösung: Wir notieren den Fehler von $D_1 f$ für h und für $\frac{h}{2}$:

$$D_1 f(x_0, h) - f'(x) = \frac{1}{2} f''(x_0)\, h + \frac{1}{6} f'''(x_0)\, h^2 + \frac{1}{24} f^{(4)}(x_0)\, h^3 + \ldots$$

$$\begin{aligned}D_1 f(x_0, \tfrac{h}{2}) - f'(x) &= \frac{1}{2} f''(x_0)\, \frac{h}{2} + \frac{1}{6} f'''(x_0)\, \frac{h^2}{4} + \frac{1}{24} f^{(4)}(x_0)\, \frac{h^3}{8} + \ldots \\ &= \frac{1}{4} f''(x_0)\, h + \frac{1}{24} f'''(x_0)\, h^2 + \frac{1}{192} f^{(4)}(x_0)\, h^3 + \ldots\end{aligned}$$

Daraus erhalten wir

$$2\left(D_1 f(x_0, \frac{h}{2}) - f'(x)\right) - \left(D_1 f(x_0, h) - f'(x)\right) = -\frac{1}{12} f'''(x_0)\, h^2 - \frac{1}{32} f^{(4)}(x_0)\, h^3 + \ldots$$

Damit haben wir für die neue Formel $D_1^* f(x_0, h) := 2\, D_1 f(x_0, \frac{h}{2}) - D_1 f(x_0, h)$ die Fehlerentwicklung

$$D_1^* f(x_0, h) - f'(x_0) = -\frac{1}{12} f'''(x_0)\, h^2 - \frac{1}{32} f^{(4)}(x_0)\, h^3 + \ldots$$

$D_1^* f$ ist also eine Differenzenformel der Ordnung 2. Konkret hat sie die Form

$$\begin{aligned} D_1^* f(x_0, h) &= 2\, D_1 f(x_0, \frac{h}{2}) - D_1 f(x_0, h) \\ &= 4 \frac{f(x_0 + \frac{h}{2}) - f(x_0)}{h} - \frac{f(x_0 + h) - f(x_0)}{h} \\ &= \frac{4\, f(x_0 + \frac{h}{2}) - 3\, f(x_0) - f(x_0 + h)}{h} \end{aligned}$$

■

Die obige Methode, die Fehlerordnung einer Formel zu erhöhen, ist immer durchführbar, wenn eine Fehlerentwicklung nach Potenzen von h existiert.

Sei $D(h)$ eine Formel zur Näherung von $\overline{D}$ mit der Fehlerentwicklung

$$D(h) - \overline{D} = c_1\, h^1 + c_2\, h^2 + c_3\, h^3 + \ldots$$

Dann hat die **extrapolierte Formel**

$$D^*(h) := 2\, D\left(\frac{h}{2}\right) - D(h)$$

die Fehlerentwicklung

$$D^*(h) = \overline{D} - \frac{c_2}{2}\, h^2 + \ldots$$

■

Wir haben also unter Verwendung von $D(h)$ und $D(\frac{h}{2})$ eine neue Formel $D^*(h)$ mit Fehlerordnung 2 konstruiert. Unter Verwendung von $D(\frac{h}{2})$ und $D(\frac{h}{4})$ kann man $D^*(\frac{h}{2})$ berechnen. Aus diesen beiden Werten der verbesserten Formel D^* kann man wiederum eine neue Formel D^{**} berechnen, die dann die Fehlerordnung 3 hat. Setzt man das Verfahren auf diese Weise fort, kann man theoretisch Formeln mit beliebig hoher Fehlerordnung konstruieren.

Sei $D(h)$ eine Formel der Fehlerordnung $k > 0$ zur Näherung von $\overline{D}$ mit der Fehlerentwicklung

$$D(h) - \overline{D} = c_1\, h^k + c_2\, h^{k+1} + c_3\, h^{k+2} + \ldots$$

Dann hat die **extrapolierte Formel**

$$D^*(h) := \frac{2^k D\left(\frac{h}{2}\right) - D(h)}{2^k - 1} = D\left(\frac{h}{2}\right) + \frac{D\left(\frac{h}{2}\right) - D(h)}{2^k - 1}:$$

die Fehlerentwicklung

$$D^*(h) = \overline{D} - c_2\, h^{k+1}\, \frac{1}{2\,(2^k - 1)} - c_3\, h^{k+2}\, \frac{3}{4\,(2^k - 1)} \ldots$$

■

Dies führt auf folgenden Algorithmus:

Die h-Extrapolation
Sei $D(h)$ eine Formel zur Näherung von $\overline{D}$ mit der Fehlerentwicklung

$$D(h) - \overline{D} = c_1\, h^1 + c_2\, h^2 + c_3\, h^3 + \ldots \tag{7.9}$$

Sei $h > 0$ eine Ausgangsschrittweite, $D_{i0} := D\left(\frac{h}{2^i}\right)$ für $i = 0, 1, \ldots, n$.
Dann sind durch die Rekursion

$$D_{ik} := D_{i+1,k-1} + \frac{D_{i+1,k-1} - D_{i,k-1}}{2^k - 1}, \text{ für } k = 1, 2, \ldots, n \text{ und } i = 0, 1, \ldots, n-k \tag{7.10}$$

Näherungen für $\overline{D}$ der Fehlerordnung $k+1$ gegeben.

■

Die D_{ik} können übersichtlich in einem Dreiecksschema angeordnet werden:

$$\begin{array}{llll}
D_{i0} & D_{i1} & D_{i2} & D_{i3} \\
\hline
D_{00} & & & \\
 & \searrow\!\!\nearrow\ 2\,D_{10} - D_{00} = D_{01} & & \\
D_{10} & & \searrow\!\!\nearrow\ \dfrac{4\,D_{11} - D_{01}}{3} = D_{02} & \\
 & \searrow\!\!\nearrow\ 2\,D_{20} - D_{10} = D_{11} & & \searrow\!\!\nearrow\ \dfrac{8\,D_{12} - D_{02}}{7} = D_{03} \\
D_{20} & & \searrow\!\!\nearrow\ \dfrac{4\,D_{21} - D_{11}}{3} = D_{12} & \\
 & \searrow\!\!\nearrow\ 2\,D_{30} - D_{20} = D_{21} & & \\
D_{30} & & &
\end{array}$$

Beispiel 7.5
Berechnen Sie mit der Differenzenformel $D_1 f(x_0, h)$ mit $f(x) = \sin x$ und den Schrittweiten $h = 0.1, 0.05, 0.025, 0.0125$ Näherungswerte für $f'(1)$ und verbessern Sie diese Näherungen anschließend mit Extrapolation.

Lösung: Wir bilden das zugehörige Dreiecksschema mit $n = 3$ und erhalten (bei 10-stelliger Rechnung):

h	D_{i0}	D_{i1}	D_{i2}	D_{i3}
0.1	0.497363753			
		0.540725867		
0.05	0.51904481		0.5403068043	
		0.54041157		0.5403023157
0.025	0.52972819		0.5403028767	
		0.54033005		
0.0125	0.53502912			

Die zugehörigen Fehler $E_{ik} := |D_{ik} - f'(1)|$ sind:

h	E_{i0}	E_{i1}	E_{i2}	E_{i3}
0.1	0.0429385529			
		$4.235611 \cdot 10^{-4}$		
0.05	0.0212574959		$4.4984 \cdot 10^{-6}$	
		$1.092641 \cdot 10^{-4}$		$9.8 \cdot 10^{-9}$
0.025	0.0105741159		$5.708 \cdot 10^{-7}$	
		$2.77441 \cdot 10^{-5}$		
0.0125	0.0052731859			

Wir beobachten Folgendes:

- Innerhalb einer Spalte werden die Fehler von oben nach unten kleiner. Grund dafür ist natürlich, dass die verwendeten Schrittweiten nach unten kleiner werden und damit der Diskretisierungsfehler kleiner wird.
- Innerhalb des Schemas werden die Fehler von links nach rechts kleiner. Grund ist, dass die verwendeten Fehlerordnungen durch die Extrapolation immer höher werden. ■

Bemerkung:
Man beachte, dass das Aufstellen des Extrapolationsschemas keine weiteren Funktionsauswertungen mehr benötigt. Der eigentliche Aufwand besteht also darin, die erste Spalte mit den Ausgangsnäherungen zu berechnen. Das eigentliche Schema benötigt dann nur noch ganz wenige zusätzliche Flops.

Der Extrapolationsschritt eliminiert also jeweils den führenden Term in der Fehlerentwicklung und erhöht damit die Fehlerordnung um 1. Besonders effizient ist die Extrapolation, wenn eine Formel $D(h)$ eine Fehlerentwicklung nur in geraden Potenzen von h enthält, denn dann erhöht sich die Fehlerordnung offensichtlich gleich um 2. Man hat jedoch zu beachten, dass f dabei genügend oft differenzierbar zu sein hat. Wie hoch sich die Fehlerordnung schrauben lässt, hängt davon ab, wie oft f differenzierbar ist, siehe die auftretenden Ableitungen in Beispiel 7.4.

Die h^2-Extrapolation

Sei $D(h)$ eine Formel zur Näherung von $\overline{D}$ mit der Fehlerentwicklung

$$D(h) - \overline{D} = c_1 h^2 + c_2 h^4 + c_3 h^6 + \ldots$$

Sei $h > 0$ eine Ausgangsschrittweite, $D_{i0} := D\left(\frac{h}{2^i}\right)$ für $i = 0, 1, \ldots, n$.

Dann sind durch die Rekursion

$$D_{ik} := D_{i+1,k-1} + \frac{D_{i+1,k-1} - D_{i,k-1}}{4^k - 1}, \text{ für } k = 1, 2, \ldots, n \text{ und } i = 0, 1, \ldots, n-k \qquad (7.11)$$

Näherungen der Fehlerordnung $2k+2$ gegeben. ■

Auch hier lassen sich die D_{ik} wieder in einem Dreiecksschema anordnen:

$$\begin{array}{llll}
D_{i0} & D_{i1} & D_{i2} & D_{i3} \\
\hline
D_{00} & & & \\
 & \searrow\!\nearrow \dfrac{4D_{10} - D_{00}}{3} = D_{01} & & \\
D_{10} & & \searrow\!\nearrow \dfrac{16D_{11} - D_{01}}{15} = D_{02} & \\
 & \searrow\!\nearrow \dfrac{4D_{20} - D_{10}}{3} = D_{11} & & \searrow\!\nearrow \dfrac{64D_{12} - D_{02}}{63} = D_{03} \\
D_{20} & & \searrow\!\nearrow \dfrac{16D_{21} - D_{11}}{15} = D_{12} & \\
 & \searrow\!\nearrow \dfrac{4D_{30} - D_{20}}{3} = D_{21} & & \\
D_{30} & & &
\end{array}$$

Beispiel 7.6

Berechnen Sie mit der Differenzenformel $D_2 f(x_0, h)$ mit $f(x) = \sin x$ und den Schrittweiten $h = 0.1, 0.05, 0.025, 0.0125$ Näherungswerte für $f'(1)$ und verbessern Sie diese anschließend mit Extrapolation.

Lösung: Da die Formel $D_2 f$ eine Fehlerentwicklung nach Potenzen mit geradem Exponenten von h besitzt, verwenden wir hier h^2-Extrapolation, um das Dreieckschema aufzustellen. Diese Methode ist so genau, dass wir diesmal 15-stellige Rechnung verwenden, um die durch die Extrapolation erzielten Verbesserungen deutlich zu machen. Wir erhalten

h	D_{i0}	D_{i1}	D_{i2}	D_{i3}
0.1	0.539402			
		0.5403021993		
0.05	0.540077		0.54030230586644	
		0.5403022988		0.540302305868097
0.025	0.540246		0.54030230586807	
		0.5403023054		
0.0125	0.540288			

Die zugehörigen Fehler $E_{ik} := |D_{ik} - f'(1)|$ sind:

h	E_{i0}	E_{i1}	E_{i2}	E_{i3}
0.1	$9.00053698380 \cdot 10^{-4}$			
		$1.12529487 \cdot 10^{-7}$		
0.05	$2.25097821710 \cdot 10^{-4}$		$1.696 \cdot 10^{-12}$	
		$7.034683 \cdot 10^{-9}$		$4.3 \cdot 10^{-14}$
0.025	$5.6279731440 \cdot 10^{-5}$		$7.0 \cdot 10^{-14}$	
		$4.39733 \cdot 10^{-10}$		
0.0125	$1.4070262660 \cdot 10^{-5}$			

Zu beobachten sind die gleichen Phänomene wie in Beispiel 7.5: Abnehmender Fehler von oben nach unten und links nach rechts im Dreiecksschema. Nur nimmt der Fehler hier noch wesentlich stärker ab als in Beispiel 7.5, da sich die Fehlerordnung von Spalte zu Spalte nicht nur um 1, sondern gleich um 2 erhöht. Die Extrapolation bringt hier also mit sehr wenig Aufwand einen enormen Gewinn an Genauigkeit. ■

Wir haben die Extrapolation als Methode kennengelernt, die Fehlerordnung von Formeln durch deren Kombination zu erhöhen. Ein anderer Zugang ist der folgende:

In der Formulierung der h- bzw. h^2-Extrapolation gingen wir von einer Formel $D(h)$ aus, die einen Wert $\overline{D}$ approximieren soll und eine Fehlerentwicklung nach Potenzen von h besitzt. Also ist $\lim_{h \to 0} D(h) = \overline{D}$, aber natürlich können wir die Formel $D(h)$ nicht einfach bei $h = 0$ auswerten, wie man am Beispiel der Differenzenformeln sieht (dort würde für $h = 0$ der Nenner 0). Die Idee liegt daher nahe, $D(h)$ durch ein Polynom p in der Variablen h zu ersetzen und dieses Polynom bei $h = 0$ auszuwerten. Da $D(h)$ sich nach Potenzen von h entwickeln lässt, also bei Abbruch der Entwicklung ein Polynom wird, erscheint dieser Ansatz Erfolg versprechend. In Kapitel 5 haben wir schon eine Methode kennengelernt, Funktionen durch ein Polynom anzunähern, nämlich durch das Interpolationspolynom. Als Ausgangspunkt wählen wir für ein $h > 0$ die

Werte $D(h), D(\frac{h}{2}), D(\frac{h}{4}), \ldots$ Zu diesen Werten gibt es ein eindeutiges Interpolationspolynom p. Uns interessiert aber nicht das Polynom p selbst, sondern nur dessen Wert an der Stelle $h = 0$, also $p(0)$. Da die auszuwertende Stelle $h = 0$ außerhalb des Intervalls der Stützstellen $h, \frac{h}{2}, \ldots$ liegt, spricht man nicht mehr von Interpolation, sondern von Extrapolation. Um $p(0)$ zu berechnen, bietet sich das Neville-Aitken-Schema (Algorithmus 5.2) an. Übertragen wir die Formeln auf die hier gegebene Situation, so erhalten wir:

Gegeben seien Wertepaare $(x_i, f_i) = \left(\frac{h}{2^i}, D\left(\frac{h}{2^i}\right)\right)$ für $i = 0, \ldots, n$.

Die Rekursionsformeln für das Neville-Aitken-Schema für $x = 0$ lauten dann

$$p_{i0}(0) := D\left(\frac{h}{2^i}\right), \quad \text{für } i = 0, \ldots, n$$

für $k = 1, \ldots, n$:

für $i = 0, \ldots, n-k$:

$$\begin{aligned} p_{ik}(0) &= p_{i+1,k-1}(0) + \frac{x_{i+k}}{x_{i+k} - x_i}\left(p_{i,k-1}(0) - p_{i+1,k-1}(0)\right) \\ &= p_{i+1,k-1}(0) + \frac{2^{-i-k}}{2^{-i-k} - 2^{-i}}\left(p_{i,k-1}(0) - p_{i+1,k-1}(0)\right) \\ &= p_{i+1,k-1}(0) + \frac{1}{1 - 2^k}\left(p_{i,k-1}(0) - p_{i+1,k-1}(0)\right) \end{aligned}$$

Dann ist $p_{ik}(0) = D_{ik}$, wobei die D_{ik} die extrapolierten Werte gemäß (7.10) sind. ■

Im Falle, dass $D(h)$ eine Fehlerentwicklung nach Potenzen von h^2 besitzt, erhält man analog die Extrapolationswerte auch aus dem Neville-Aitken-Schema, wenn man das Interpolationspolynom nicht in h, sondern in h^2 betrachtet.

Gegeben seien Wertepaare $(x_i, f_i) = \left(\frac{h^2}{4^i}, D\left(\frac{h}{2^i}\right)\right)$ für $i = 0, \ldots, n$. Dann gilt für die mit dem Neville-Aitken-Schema in $x = 0$ berechneten Werte $p_{ik}(0) = D_{ik}$, wobei die D_{ik} die extrapolierten Werte gemäß (7.11) sind. ■

7.2 Numerische Integration

7.2.1 Problemstellung

Gegeben ist $f : [a,b] \longrightarrow \mathbb{R}$. Gesucht ist ein Näherungswert von

$$I = \int_a^b f(x)\,\mathrm{d}x.$$

Methoden, die I numerisch näherungsweise berechnen, nennt man auch **Quadraturverfahren**. Sie werden angewendet, wenn I nicht oder nicht leicht exakt bestimmt werden kann. Die meisten Quadraturverfahren beruhen auf dem Prinzip, dass die schwer zu integrierende Funktion f durch eine leicht zu integrierende ersetzt wird.

Beispiel 7.7

Es soll $\int_2^4 x^{-1}\,\mathrm{d}x$ angenähert werden, indem $f(x) = x^{-1}$ über $[2,4]$ durch eine Konstante ersetzt wird.

Lösung: Als konstanten Wert wählen wir den Funktionswert in der Mitte des Intervalls, also $f(3) = \frac{1}{3}$, siehe Bild 7.2. Damit haben wir

$$\int_2^4 x^{-1}\,\mathrm{d}x \approx \frac{1}{3} \cdot 2 = \frac{2}{3}.$$

Zum Vergleich: Der exakte Wert ist $\int_2^4 x^{-1}\,\mathrm{d}x = \ln 2 = 0.6931\ldots$

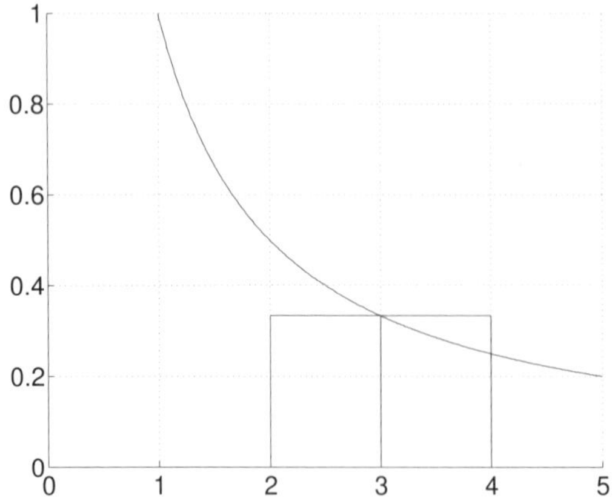

Bild 7.2 Approximation von $f(x) = x^{-1}$ über $[2,4]$ durch eine Konstante

■

Beispiel 7.8

Es soll $\int_2^4 x^{-1}\,\mathrm{d}x$ angenähert werden, indem $f(x) = x^{-1}$ über $[2,4]$ durch die Gerade durch $(2, f(2))$ und $(4, f(4))$ ersetzt wird.

Lösung: Siehe Bild 7.3. $\int_2^4 x^{-1}\,\mathrm{d}x \approx \frac{f(2)+f(4)}{2}\cdot 2 = 0.75.$

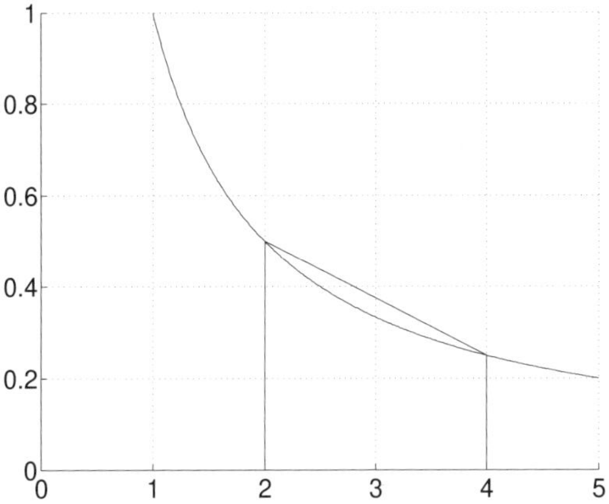

Bild 7.3 Approximation von $f(x) = x^{-1}$ über $[2,4]$ durch eine Sehne

■

Die **Mittelpunktsregel** (**Rechteckregel**) Rf und die **Trapezregel** Tf zur Approximation von $\int_a^b f(x)\,\mathrm{d}x$ sind definiert als

$$Rf := f\left(\frac{a+b}{2}\right)\cdot(b-a) \tag{7.12}$$

$$Tf := \frac{f(a)+f(b)}{2}\cdot(b-a) \tag{7.13}$$

■

Offensichtlich sind diese Formeln nicht sonderlich genau. Es liegt nahe, das Integrationsintervall in mehrere Teilintervalle der Länge $h > 0$ aufzuteilen, auf diesen Teilintervallen die Quadraturformel anzuwenden und dann die erhaltenen Näherungswerte zu addieren. Genauer gesagt, geht man wie folgt vor: Man unterteilt das Intervall $[a,b]$ in n Teile und erhält mit $h := (b-a)/n$ die Teilintervalle $[x_i, x_i + h]$ für $i = 0,\ldots,n-1$, wobei $x_i = a + i\cdot h$ ist (was $x_0 = a$ und $x_n = b$ zur Folge hat).
Damit haben wir

$$\int_a^b f(x)\,\mathrm{d}x = \sum_{i=0}^{n-1}\int_{x_i}^{x_i+h} f(x)\,\mathrm{d}x \approx \sum_{i=0}^{n-1} h f\left(\frac{x_i + x_{i+1}}{2}\right) =: Rf(h),$$

die sog. summierte Rechteckregel. Analog kann man eine summierte Trapezregel herleiten.

Summierte Regeln

Sei $n \in \mathbb{N}$, $h := \dfrac{b-a}{n}$ und $x_i := a + i \cdot h$, $i = 0, \ldots, n$.

Die **summierte Mittelpunktsregel** (auch **summierte Rechteckregel** genannt) $Rf(h)$ und die **summierte Trapezregel** $Tf(h)$ zur Approximation von $\int_a^b f(x)\,\mathrm{d}x$ sind gegeben durch

$$Rf(h) := h \sum_{i=0}^{n-1} f\left(x_i + \frac{h}{2}\right) \tag{7.14}$$

$$Tf(h) := h\left(\frac{f(a)+f(b)}{2} + \sum_{i=1}^{n-1} f(x_i)\right) \tag{7.15}$$

■

Aufgabe

7.5 Leiten Sie (7.15) her.

Beispiel 7.9

Es soll $\int_2^4 x^{-1}\,\mathrm{d}x$ näherungsweise mit der summierten Mittelpunktsregel und mit der summierten Trapezregel, jeweils mit $n = 4$, berechnet werden.

Lösung: $n = 4$, also $h = 0.5$. Die summierte Mittelpunktsregel liefert (siehe Bild 7.4)

$$\begin{aligned} Rf(0.5) &= 0.5 \cdot \sum_{i=0}^{3} f(2 + i \cdot 0.5 + 0.25) \\ &= 0.5 \cdot \big(f(2.25) + f(2.75) + f(3.25) + f(3.75)\big) = 0.6912\ldots \end{aligned}$$

Mit der summierten Trapezregel erhält man (siehe Bild 7.5)

$$\begin{aligned} Tf(0.5) &= 0.5\left(\frac{f(2)+f(4)}{2} + \sum_{i=1}^{3} f(2 + i \cdot 0.5)\right) \\ &= 0.5\left(\frac{f(2)+f(4)}{2} + f(2.5) + f(3) + f(3.5)\right) = 0.6970\ldots \end{aligned}$$

Der exakte Wert ist 0.6931..., die Ergebnisse der summierten Formeln sind also deutlich besser als die der einfachen Formeln (wie zu erwarten). ■

Die summierte Trapezregel ist besonders genau bei der Integration von periodischen Funktionen f über ein vollständiges Periodenintervall. In diesem Fall ist die Fehlerordnung noch höher als 2, wenn f genügend oft differenzierbar ist. Erstreckt sich die

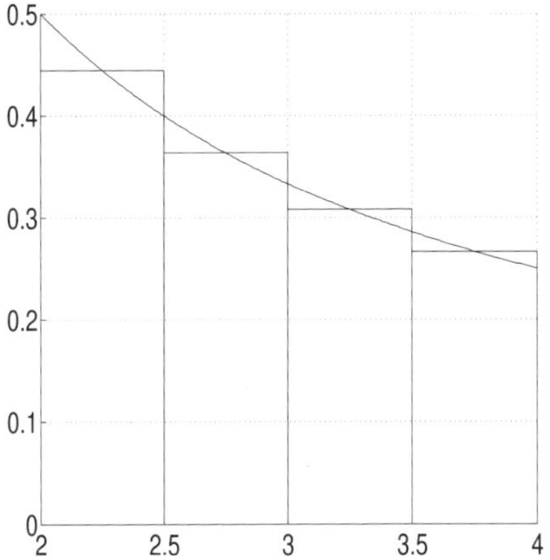

Bild 7.4 Summierte Mittelpunktsregel für $\int_2^4 x^{-1}\,\mathrm{d}x$ und $n = 4$

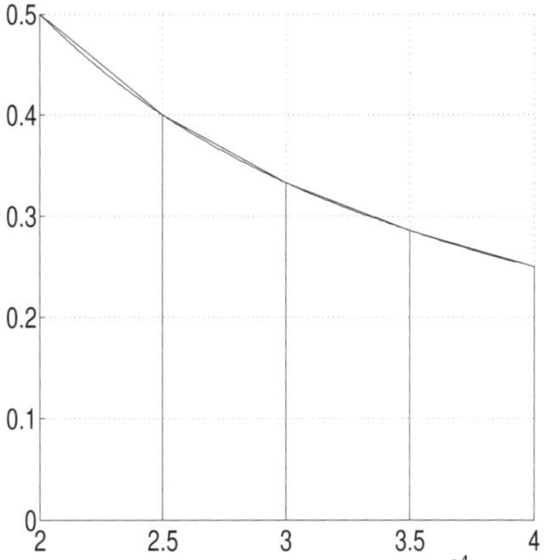

Bild 7.5 Summierte Trapezregel für $\int_2^4 x^{-1}\,\mathrm{d}x$ und $n = 4$

Integration jedoch nicht über ein vollständiges Periodenintervall, so ist diese erhöhte Genauigkeit nicht mehr gegeben.

7.2.2 Interpolatorische Quadraturformeln

Diese Verfahren beruhen auf der einfachen Idee, statt f ein Interpolationspolynom zu integrieren. Durch die Anzahl und die Wahl der Stützstellen ist es dabei möglich, die Genauigkeit zu beeinflussen.
Im Folgenden betrachten wir der Einfachheit halber nur das Integrationsintervall $[-1, 1]$ – wir werden später sehen, wie wir die erhaltenen Formeln auf allgemeinen Intervallen benutzen können.

Das Ersetzen von f durch eine Konstante bzw. eine Gerade führt, wie wir in den Beispielen 7.7 und 7.8 gesehen haben, auf die Mittelpunkts- bzw. Trapezregel. Ersetzt man f durch ein Polynom p zweiten Grades, das f in den Stellen $-1, 0, 1$ interpoliert, so erhält man unter Benutzung der Newtonschen Form des Interpolationspolynoms (s. (5.1)) die sog. **Simpson[1]-Regel** Sf:

$$p(x) = f(-1) + (f(0) - f(-1))\,(x+1) + \frac{f(-1) - 2f(0) + f(1)}{2}\,(x+1)\,x$$

und damit $Sf := \int_{-1}^{1} p(x)\,\mathrm{d}x = \frac{1}{3}f(-1) + \frac{4}{3}f(0) + \frac{1}{3}f(1).$

[1] Thomas Simpson, 1710-1761, englischer Mathematiker

7.2.3 Der Quadraturfehler

Definition

Für eine Quadraturformel Qf zur Approximation von $If := \int_{-1}^{1} f(x)\,\mathrm{d}x$ ist der Quadraturfehler Ef definiert als $Ef := If - Qf$.

Die Formel Qf hat die **Fehlerordnung** k, wenn für alle Polynome p vom Grad $\leq k-1$ gilt $Ep = 0$ und wenn für mindestens ein Polynom p vom Grad k gilt $Ep \neq 0$. ■

Quadraturformeln haben i. Allg. die Gestalt

$$Qf = \sum_{i=1}^{n} a_i\, f(x_i).$$

Dabei nennt man die x_i die **Stützstellen** oder **Knoten** der Quadraturformel und a_i die **Gewichte**. Der zugehörige Quadraturfehler Ef ist dann eine lineare Funktion in f und es gilt

$$Qf \text{ hat eine Fehlerordnung } \geq k \iff Ef = 0 \quad \text{für } f(x) = x^i,\ i = 0, \ldots, k-1. \tag{7.16}$$

Beispiel 7.10

Bestimmen Sie die Fehlerordnung der Trapezregel.

Lösung: Wir wenden die Trapezregel

$$Qf := Tf = 0.5 \cdot 2 \cdot (f(-1) + f(1)) = f(-1) + f(1)$$

auf $f(x) = x^i$ an und prüfen, ob $Ef = 0$ ist:

$f(x)$	If	Tf	Ef
$x^0 = 1$	2	2	0
x	$0.5\,x^2\vert_{-1}^{1} = 0$	$-1+1=0$	0
x^2	$\frac{1}{3}x^3\vert_{-1}^{1} = \frac{2}{3}$	$(-1)^2 + 1^2 = 2$	$\neq 0$

Die Fehlerordnung ist also genau 2. ■

Aufgaben

7.6 Bestimmen Sie die Fehlerordnung der Mittelpunktsregel.

7.7 Bestimmen Sie die Fehlerordnung der Simpson-Regel.

7.8 Weisen Sie nach, dass für interpolatorische Quadraturformeln mit n Stützstellen die Fehlerordnung mindestens n ist.

Fehlerdarstellungen auf $[-1,1]$

$$\begin{aligned}
\text{für } Rf: &\quad \int_{-1}^{1} f(x)\,\mathrm{d}x - 2f(0) &&= \frac{1}{3} f''(\xi)\\
\text{für } Tf: &\quad \int_{-1}^{1} f(x)\,\mathrm{d}x - \frac{1}{2}(f(-1)+f(1)) &&= -\frac{2}{3} f''(\xi)\\
\text{für } Sf: &\quad \int_{-1}^{1} f(x)\,\mathrm{d}x - \frac{1}{3}(f(-1)+4f(0)+f(1)) &&= -\frac{1}{90} f^{(4)}(\xi),
\end{aligned}$$

wobei $\xi \in [-1,1]$ jeweils eine unbekannte Zwischenstelle im Integrationsintervall ist, die von f und der verwendeten Formel abhängt. ■

7.2.4 Transformation auf das Intervall $[a,b]$

Wir haben für die Fehlerbetrachtung das Intervall $[-1,1]$ zugrunde gelegt. Die Ergebnisse lassen sich aber leicht auf ein allgemeines Intervall $[a,b]$ übertragen. Dazu benötigen wir eine Transformationsfunktion, die das Intervall $[-1,1]$ in möglichst einfacher Weise in das Intervall $[a,b]$ überführt. Wir wählen

$$x = x(u) = \frac{b-a}{2}u + \frac{b+a}{2}.$$

Dann ist $x(-1) = a$ und $x(1) = b$. Damit erhalten wir:

$$\int_a^b f(x)\,\mathrm{d}x = \frac{b-a}{2}\int_{-1}^{1} f\left(\frac{b-a}{2}u + \frac{b+a}{2}\right)\mathrm{d}u = \frac{b-a}{2}\int_{-1}^{1} g(u)\,\mathrm{d}u \tag{7.17}$$

mit $g(u) := f\left(\frac{b-a}{2}u + \frac{b+a}{2}\right)$. Unter Benutzung von

$$g^{(k)}(u) = \frac{(b-a)^k}{2^k} f^{(k)}\left(\frac{b-a}{2}u + \frac{b+a}{2}\right) \tag{7.18}$$

kann man auch leicht die Fehlerdarstellungen transformieren.

Aufgabe

7.9 Finden Sie analog zu (7.17) und (7.18) Transformationsformeln, die das Intervall $[0,1]$ in das Intervall $[a,b]$ überführen.

Beispiel 7.11

Es soll die Mittelpunktsregel mitsamt ihrer Fehlerdarstellung auf das Intervall $[a,b]$ transformiert werden.

Lösung: Nach den obigen Überlegungen und Bezeichnungen haben wir:

$$\begin{aligned}\int_a^b f(x)\,\mathrm{d}x &= \frac{b-a}{2}\int_{-1}^{1} g(u)\,\mathrm{d}u = \frac{b-a}{2}\left(2\,g(0)+\frac{1}{3}g''(\bar{u})\right)\\ &= \frac{b-a}{2}\left(2f\left(\frac{(a+b)}{2}\right)+\frac{1}{3}\frac{(b-a)^2}{2^2}f''\left(\frac{b-a}{2}\bar{u}+\frac{b+a}{2}\right)\right)\\ &= \frac{b-a}{2}f\left(\frac{a+b}{2}\right)+\frac{1}{24}(b-a)^3 f''(\xi)\end{aligned}$$

wobei $\xi \in [a,b]$ eine unbekannte Zwischenstelle ist (die der unbekannten Zwischenstelle $\bar{u} \in [-1,1]$ entspricht). ■

Analog transformiert man auch die anderen Formeln und ihre Fehlerdarstellungen und erhält insgesamt:

Fehlerdarstellungen auf $[a, b]$

Für die Mittelpunktsregel Rf, die Trapezregel Tf und die Simpson-Regel Sf, bezogen auf $[a,b]$, gilt:

$$Rf = (b-a)\,f\left(\frac{a+b}{2}\right), \qquad Tf = \frac{b-a}{2}\,(f(a)+f(b)),$$

$$Sf = \frac{b-a}{6}\left(f(a)+4f\left(\frac{a+b}{2}\right)+f(b)\right)$$

sowie die Fehlerdarstellungen

$$\int_a^b f(x)\,\mathrm{d}x - Rf = \frac{1}{24}(b-a)^3 f''(\xi)$$

$$\int_a^b f(x)\,\mathrm{d}x - Tf = -\frac{1}{12}(b-a)^3 f''(\xi)$$

$$\int_a^b f(x)\,\mathrm{d}x - Sf = -\frac{1}{2880}(b-a)^5 f^{(4)}(\xi)$$

wobei $\xi \in [a,b]$ jeweils eine unbekannte Zwischenstelle im Integrationsintervall ist, die von f und der verwendeten Formel abhängt. ■

Bemerkung:
Die obigen Transformationsregeln können stets benutzt werden, wenn eine Quadraturformel der Form $Qf = \sum_{i=1}^{n} a_i\,f(x_i)$ für $[-1,1]$ gegeben ist, aber eine für ein anderes Intervall $[a,b]$ benötigt wird. Im Falle, dass Qf auf einem anderen Intervall gegeben ist, z. B. $[0,1]$, kann man auf analogem Weg auch dafür entsprechende Transformationsformeln herleiten.

7.2.5 Der Fehler der summierten Quadraturformeln

Wir haben schon gesehen, dass wir durch Aufteilen des Integrationsintervalls $[a,b]$ und Anwendung der einfachen Quadraturformeln auf die Teilintervalle summierte Formeln erhalten (siehe (7.14), (7.15)), die eine höhere Genauigkeit aufweisen, siehe Beispiel 7.9. Aus den Fehlerdarstellungen für die einfachen Formeln kann leicht eine Fehlerabschätzung für die entsprechenden summierten Formeln hergeleitet werden.

Beispiel 7.12

Ausgehend von der Fehlerdarstellung für die Mittelpunktsregel soll eine Fehlerabschätzung für die summierte Mittelpunktsregel hergeleitet werden.

Lösung: Wie in der Herleitung der summierten Mittelpunktsregel unterteilen wir das Intervall $[a,b]$ in n Teilintervalle $[x_i, x_i+h]$ für $i = 0,\dots,n-1$, wobei $h = (b-a)/n$, $x_i = a + i\cdot h$ ist (was $x_0 = a$ und $x_n = b$ zur Folge hat). Für den Fehler gilt dann

$$\left|\int_a^b f(x)\,\mathrm{d}x - Rf(h)\right| = \left|\sum_{i=0}^{n-1}\int_{x_i}^{x_i+h} f(x)\,\mathrm{d}x - \sum_{i=0}^{n-1} h\cdot f(x_i+\frac{h}{2})\right|$$
$$\le \frac{1}{24}h^3\sum_{i=0}^{n-1}|f''(\xi_i)| \le \frac{1}{24}h^3\sum_{i=0}^{n-1}\max\{|f''(\xi)|\,|\,|\xi\in[a,b]\}$$
$$= \frac{1}{24}h^3\, n\max\{|f''(\xi)|\,|\,\xi\in[a,b]\} = \frac{1}{24}(b-a)\,h^2\max\{|f''(\xi)|\,|\,\xi\in[a,b]\}.$$

Hierbei waren die $\xi_i \in [x_i, x_i+h]$ die Zwischenstellen aus der Fehlerdarstellung der einfachen Mittelpunktsregel. ∎

Man sieht, dass durch das Aufsummieren eine h-Potenz verloren geht. Dieses Phänomen tritt stets bei der Fehlerdarstellung der summierten Formeln auf. Auf dieselbe Weise erhalten wir:

Fehlerabschätzung für summierte Regeln

$$\left|\int_a^b f(x)\,\mathrm{d}x - Rf(h)\right| \le \frac{h^2}{24}(b-a)\max_{x\in[a,b]}|f''(x)| \tag{7.19}$$

$$\left|\int_a^b f(x)\,\mathrm{d}x - Tf(h)\right| \le \frac{h^2}{12}(b-a)\max_{x\in[a,b]}|f''(x)| \tag{7.20}$$

$$\left|\int_a^b f(x)\,\mathrm{d}x - Sf(h)\right| \le \frac{h^4}{2880}(b-a)\max_{x\in[a,b]}|f^{(4)}(x)| \tag{7.21}$$

∎

Beispiel 7.13
Schätzen Sie den Fehler in Beispiel 7.9 mit den Formeln (7.19) und (7.20) ab.

Lösung: Es ist $f(x) = x^{-1}$, $a = 2$, $b = 4$, $h = 0.5$. Dann ist $f''(x) = 2x^{-3}$ und $\max_{x\in[a,b]} |f''(x)| = \max_{x\in[2,4]} |2x^{-3}| = 0.25$. Dann gilt nach obigem Satz

$$\left|\int_2^4 x^{-1}\,\mathrm{d}x - Rf(h)\right| \le \frac{0.5^2}{24}(4-2)\,0.25 = \frac{1}{192} = 0.0052\ldots \tag{7.22}$$

$$\left|\int_2^4 x^{-1}\,\mathrm{d}x - Tf(h)\right| \le \frac{0.5^2}{12}(4-2)\,0.25 = \frac{1}{96} = 0.0104\ldots \tag{7.23}$$

Zum Vergleich: In Beispiel 7.9 hatten wir $Rf(0.5) = 0.6912$ und $Tf(0.5) = 0.6970$ berechnet. Der exakte Wert ist $\int_2^4 x^{-1}\,\mathrm{d}x = \ln 2 = 0.6931$, sodass der wahre Fehler von $Rf(0.5)$ sich zu 0.0019 berechnet und der von $Tf(0.5)$ zu 0.0039. Die wahren Fehler sind also ca. 3-mal kleiner als die Fehlerschranken aus den Abschätzungen. Auch sieht man, dass die Mittelpunktsregel ein etwa doppelt so genaues Ergebnis liefert wie die Trapezregel, was sich auch in den Fehlerschranken widerspiegelt. ■

Aufgabe

7.10 Sie wollen $I := \int\limits_0^{0.5} \mathrm{e}^{-x^2}\,\mathrm{d}x$ bis auf einen absoluten Fehler von maximal 10^{-5} mit der summierten Trapezregel berechnen. Bestimmen Sie eine geeignete Schrittweite h und berechnen Sie entsprechend den Wert der summierten Trapezregel.

7.2.6 Newton-Cotes-Formeln

Wir beschränken uns wieder auf die Diskussion von Quadraturformeln für das Intervall $[-1,1]$. Wir haben bereits gesehen, dass wir durch Integration von Interpolationspolynomen Quadraturformeln mit beliebig hoher Fehlerordnung erzeugen können. Die Stützstellen des Interpolationspolynoms können dabei frei gewählt werden. Legt man sie äquidistant, so erhält man die sog. **Newton-Cotes[2]-Formeln**. Man unterscheidet dabei geschlossene und offene Newton-Cotes-Formeln, je nachdem, ob die Randpunkte des Integrationsintervalls auch als Stützstellen verwendet werden oder nicht. Die Stützstellen für geschlossene Newton-Cotes-Formeln sind also $x_i = -1 + 2\,i/N$ für $i = 0,\ldots,N$ und für offene $x_i = -1 + 2\,(i+1)/(N+2)$ für $i = 0,\ldots,N$. Die Trapezregel ist die geschlossene Newton-Cotes-Formel für $N = 1$ und die Simpson-Regel die für $N = 2$. Weitere geschlossene Newton-Cotes-Formeln findet man z. B.

[2] Roger Cotes, 1682-1716, engl. Astronom und Mathematiker

in [1]. Die Mittelpunktsregel ist die offene Newton-Cotes-Formel für $N = 0$.
Die Newton-Cotes-Formeln haben jedoch Nachteile: Ab $N = 8$ treten bei den geschlossenen Formeln negative Gewichte auf. Dies macht die Formeln anfällig für Auslöschung (s. Abschnitt 1.2). Man nennt die Formeln dann numerisch instabil. Will man eine höhere Genauigkeit erreichen, so ist es in der Regel vorzuziehen, eine der oben vorgestellten summierten Formeln mit entsprechender Schrittweite h zu verwenden.
Eine weitere Einschränkung bei den Newton-Cotes-Formeln ist die Festlegung auf äquidistante Stützstellen. Die Frage ist, ob sich nicht die Fehlerordnung hochschrauben ließe, wenn man die Stützstellen freigibt. Mit anderen Worten: Könnte man eine höhere Fehlerordnung erreichen, wenn man nicht nur die Anzahl der Stützstellen flexibel hält, sondern auch deren Lage innerhalb des Integrationsintervalls nicht vorschreibt? Dies ist in der Tat möglich und führt auf die sog. Gauß-Formeln.

7.2.7 Gauß-Formeln

Wir beschränken uns wieder auf die Diskussion von Quadraturformeln für das Intervall $[-1,1]$. Die Gauß-Formeln haben die Form $Qf = \sum_{i=1}^{n} a_i f(x_i)$, wobei die Stützstellen x_i und die Gewichte a_i so gewählt sind, dass die Fehlerordnung möglichst hoch ist.

Beispiel 7.14

Es sollen Quadraturformeln der Form $Qf = \sum_{i=1}^{n} a_i f(x_i)$ mit $n = 1$ und $n = 2$ für das Intervall $[-1,1]$ so bestimmt werden, dass die Fehlerordnung möglichst groß wird.

Lösung: Wir benutzen (7.16), d. h., wir fordern Exaktheit, also $If = Qf$ für die Polynome $f(x) = x^i$ für $i = 0,1,\ldots$
$n = 1$: Wir setzen also Qf mit einer Stützstelle an, d. h.: $Qf := a_1 f(x_1)$.

$f(x)$	If	Qf
$x^0 = 1$	2	a_1
x	0	$a_1 \cdot x_1$

Die Bedingungen lauten also: $a_1 = 2$ und $a_1 x_1 = 0$, was als (einzige) Lösung hat: $a_1 = 2$ und $x_1 = 0$. Die Gauß-Formel für $n = 1$ lautet also $Qf = 2f(0)$.

$n=2$: Wir setzen Qf mit zwei Stützstellen an, also: $Qf := a_1 f(x_1) + a_2 f(x_2)$.

i	$f(x)=x^i$	If	Qf
0	$x^0=1$	2	a_1+a_2
1	x	0	$a_1 x_1 + a_2 x_2$
2	x^2	$\frac{2}{3}$	$a_1 x_1^2 + a_2 x_2^2$
3	x^3	0	$a_1 x_1^3 + a_2 x_2^3$

Es handelt sich also um ein nichtlineares Gleichungssystem mit 4 Gleichungen und 4 Unbekannten. Aus Symmetriegründen nehmen wir $x_1 = -x_2$ an, dann sind die Gleichungen für $i=1$ und $i=3$ äquivalent. Aus der Gleichung für $i=1$ folgt dann $a_1 = a_2$ und damit aus der für $i=0$ $a_1 = a_2 = 1$. Dies eingesetzt in die Gleichung für $i=2$ ergibt: $x_1 = \frac{1}{\sqrt{3}} = -x_2$ (oder umgekehrt, was aber auf dieselbe Quadraturformel führt).

■

Bemerkung:
Man kann auf analoge Weise auch Gauß-Formeln mit beliebiger Anzahl von Stützstellen konstruieren. Das entstehende Gleichungssystem ist stets lösbar. Man kann zeigen, dass die n Stützstellen der Gauß-Formel die n Nullstellen des sog. **Legendre-Polynoms**

$$p_n(x) := \frac{1}{2^n\, n!}\,\frac{d^n}{dx^n}(x^2-1)^n$$

sind. Sind die Stützstellen erst einmal bekannt, bleibt nur noch ein lineares Gleichungssystem für die n Gewichte zu lösen. Wir geben nur die für $n = 1, 2, 3$ an. In [5] findet man die Gauß-Formeln für $n = 1, \ldots, 5$ angegeben.

Gauß-Formeln auf $[-1,1]$ und Fehlerdarstellung

Die Gauß-Formeln für $n = 1, 2, 3$ für $\int_{-1}^{1} f(x)\,\mathrm{d}x$ lauten:

- $n=1$: $G_1 f = 2 f(0)$
- $n=2$: $G_2 f = f\left(-\frac{1}{\sqrt{3}}\right) + f\left(\frac{1}{\sqrt{3}}\right)$
- $n=3$: $G_3 f = \frac{5}{9} f(-\sqrt{0.6}) + \frac{8}{9} f(0) + \frac{5}{9} f(\sqrt{0.6})$.

Für die Gauß-Formeln $G_n f$ gilt die Fehlerdarstellung

$$\int_{-1}^{1} f(x)\,\mathrm{d}x - G_n f = \frac{2^{2n+1}}{2n+1}\,\frac{(n!)^4}{((2n)!)^3}\, f^{(2n)}(\xi),$$

wobei $\xi \in [-1,1]$ eine (unbekannte) Zwischenstelle ist. Die Gauß-Formel $G_n f$ besitzt also die Fehlerordnung $2n$.

■

Beispiel 7.15

Es soll $\int_2^4 x^{-1}\,\mathrm{d}x$ mit der Gauß-Formel G_2 näherungsweise berechnet und der Fehler abgeschätzt werden.

Lösung: Wir müssen $G_2 f$ zunächst vom Intervall $[-1,1]$ auf $[2,4]$ transformieren. Dazu gehen wir wie in 7.2.4 beschrieben vor. Mit der Transformation $x = u + 3$ erhalten wir auf $[2,4]$ mit $f(x) := x^{-1}$:

$$G_2 f = f\left(3 - \frac{1}{\sqrt{3}}\right) + f\left(3 + \frac{1}{\sqrt{3}}\right) = 0.6923076923\ldots$$

Die Fehlerdarstellung für $[2,4]$ ist dieselbe wie für $[-1,1]$, da die Intervalle die gleiche Länge haben.

$$\left|\int_2^4 x^{-1}\,\mathrm{d}x - G_2 f\right| = \frac{2^5}{5}\frac{(2!)^4}{(4!)^3}|f^{(4)}(\xi)|, \quad \text{mit } \xi \in [2,4].$$

Mit $|f^{(4)}(\xi)| = |\frac{24}{x^5}| \le \frac{24}{2^5} = 0.75$ erhalten wir insgesamt

$$\left|\int_2^4 x^{-1}\,\mathrm{d}x - G_2 f\right| \le \frac{32}{5}\frac{16}{24^3}0.75 = 0.00\overline{5}$$

Zum Vergleich: Der wahre Fehler ist $|\ln 2 - G_2 f| = 0.0008394883$. Wir haben dazu nur zwei Funktionsauswertungen benötigt. Bei gleichem Aufwand mit der Mittelpunktsregel hatten wir in Beispiel 7.7 nur einen Fehler von 0.0265 erzielt. Wir sehen also, dass in diesem Fall $G_2 f$ bei gleichem Aufwand etwa um den Faktor 5 genauer ist als die Mittelpunktsregel. ■

Die Gauß-Formeln sind bei vorgegebener Anzahl von Stützstellen optimal in der Fehlerordnung. Zudem kann man nachweisen, dass die Gewichte stets positiv ausfallen. Das wirkt sich in der Rechnung numerisch günstig aus, weil keine Auslöschung auftreten kann.

7.2.8 Extrapolationsquadratur

Wir haben schon in 7.1.4 gesehen, wie Differenzenformeln zur näherungsweisen Berechnung von Ableitungswerten unter gewissen Voraussetzungen mit dem Verfahren der Extrapolation verbessert werden können. Voraussetzung war, dass diese Differenzenformeln eine Fehlerentwicklung nach Potenzen von h, der verwendeten Schrittweite, besitzen. Besonders effizient war die Extrapolation, wenn eine Fehlerentwicklung nach Potenzen von h^2 vorlag. Bei genauer Betrachtung der beiden Extrapolationsalgorithmen in Abschnitt 7.1.4 stellt man fest, dass das zugrunde liegende Prinzip unabhängig von Differenzenformeln und Ableitungswerten ist. Es ist stets anwendbar, wenn man eine Näherung vorliegen hat, die von einer Schrittweite $h > 0$ abhängt, und die die genannten Fehlerentwicklungen besitzt. Daher liegt es nahe, dieses auch bei Quadraturformeln anzuwenden.

Wir hatten schon eine Fehlerabschätzung für die summierte Trapezregel hergeleitet. Man kann darüber hinaus sogar zeigen, dass die summierte Trapezregel eine Fehlerentwicklung nach Potenzen von h^2 besitzt (sofern die zu integrierende Funktion f genügend oft differenzierbar ist). Es ist daher möglich, die mit der summierten Trapezregel berechneten Werte mit h^2-Extrapolation (siehe (7.11)) zu verbessern.

Extrapolation mit der Trapezregel

Für die summierte Trapezregel $Tf(h)$ zur näherungsweisen Berechnung von $If = \int_a^b f(x)\,\mathrm{d}x$ gilt:

Sei $T_{i0} := Tf\left(\frac{b-a}{2^i}\right)$ für $i = 0, 1, \ldots, n$. Dann sind durch die Rekursion

$$T_{ik} := T_{i+1,k-1} + \frac{T_{i+1,k-1} - T_{i,k-1}}{4^k - 1}, \text{ für } k = 1, 2, \ldots, n \text{ und } i = 0, 1, \ldots, n-k \qquad (7.24)$$

Näherungen der Fehlerordnung $2k+2$ gegeben. Diese Methode heißt **Romberg[3]-Extrapolation**. Die verwendete Schrittweitenfolge $h_i = \frac{b-a}{2^i}$ nennt man auch die **Romberg-Folge**. ■

Beispiel 7.16

Es soll $I := \int_2^4 x^{-1}\,\mathrm{d}x$ näherungsweise mit der summierten Trapezregel und Extrapolation berechnet werden, ausgehend von den Schrittweiten $h_i = \frac{4-2}{2^i}$ für $i = 0, 1, 2, 3$.

Lösung: Wir gehen also aus von

$$T_{i0} := Tf\left(\frac{4-2}{2^i}\right) = Tf\left(\frac{1}{2^{i-1}}\right), \; h_i = \frac{1}{2^{i-1}} \text{ für } i = 0, 1, 2, 3.$$

Mittels Romberg-Extrapolation erhalten wir das folgende Schema:

h	T_{i0}	T_{i1}	T_{i2}	T_{i3}
2	0.7500000000			
		0.6944444443		
1	0.7083333333		0.6931746033	
		0.6932539683		0.6931474775
0.5	0.6970238095		0.6931479013	
		0.6931545307		
0.25	0.6941218503			

[3] Werner Romberg, 1909-2003, deutscher Mathematiker

Die zugehörigen Fehler $E_{ik} := |T_{ik} - I|$ sind:

h	E_{i0}	E_{i1}	E_{i2}	E_{i3}
2	0.0568528194			
		0.0012972637		
1	0.0151861527		0.0000274227	
		0.0001067877		0.0000002969
0.5	0.0038766289		0.0000007207	
		0.0000073501		
0.25	0.0009746697			

Die Fehler entwickeln sich im Dreiecksschema analog zur Extrapolation bei Differenzenformeln, vgl. Beispiel 7.6: abnehmender Fehler von oben nach unten und rechts nach links im Dreiecksschema. Auch hier sehen wir wieder, wie die Extrapolation mit geringem Aufwand einen großen Genauigkeitsgewinn bringt. Insbesondere sind, hat man erst die T_{i0} in der ersten Spalte berechnet, keine weiteren Auswertungen der zu integrierenden Funktion f nötig. ■

Bei der Berechnung der T_{i0} für die erste Spalte des Extrapolationsschemas kann man durch geschickte Organisation Aufrufe der zu integrierenden Funktion f einsparen: Da die für T_{i0} verwendete Schrittweite gerade die Hälfte der für den darüber stehenden Wert $T_{i-1,0}$ verwendete ist, treten in $T_{i-1,0}$ nur Funktionsauswertungen an Stellen auf, die auch für T_{i0} benötigt werden. In Beispiel 7.16 hatten wir die summierte Trapezregel auf $[2,4]$ zunächst mit $h = 2$ verwendet (in diesem Fall ist die summierte Regel identisch mit der einfachen), wozu wir $f(2)$ und $f(4)$ benötigten. Danach wurde $h = 1$ verwendet, was $f(2)$, $f(3)$ und $f(4)$ benötigte. Es kommt also nur eine neue Stelle hinzu, an der f ausgewertet werden muss. Beim Übergang zu $h = 0.5$ werden nur zwei neue Funktionswerte beñotigt, nämlich $f(2.5)$ und $f(3.5)$.

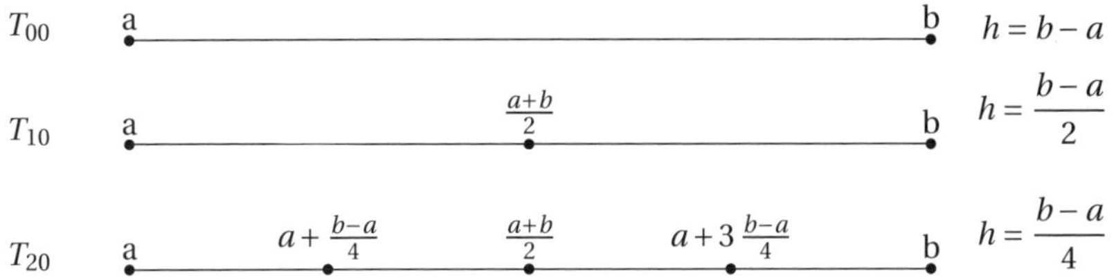

Darauf basierend lassen sich die summierten Trapezregeln zu den fortlaufend halbierten Schrittweiten rekursiv formulieren, d. h., man berechnet T_{i0} nur aus $T_{i-1,0}$ und den neu hinzu kommenden Funktionswerten. Mit $n := 2^{i-1}$ und $h_i = h_{i-1}/2$ haben wir

$$
\begin{aligned}
T_{i0} &= h_i \left(\frac{f(a)+f(b)}{2} + \sum_{i=1}^{2^i-1} f(a+i\,h_i) \right) \\
&= \frac{h_{i-1}}{2} \left(\frac{f(a)+f(b)}{2} + \sum_{i=1}^{2n-1} f(a+i\,\frac{h_{i-1}}{2}) \right) \\
&= \frac{h_{i-1}}{2} \left(\frac{f(a)+f(b)}{2} + \sum_{\substack{i=1 \\ i \text{gerade}}}^{2n-1} f(a+i\,\frac{h_{i-1}}{2}) + \sum_{\substack{i=1 \\ i \text{ungerade}}}^{2n-1} f(a+i\,\frac{h_{i-1}}{2}) \right) \\
&= \frac{h_{i-1}}{2} \left(\frac{f(a)+f(b)}{2} + \sum_{k=1}^{n-1} f(a+k\,h_{i-1}) + \sum_{k=1}^{n} f(a+\frac{2k-1}{2}\,h_{i-1}) \right) \\
&= \frac{1}{2}\,T_{i-1,0} + h_i \sum_{k=1}^{n} f(a+(2k-1)\,h_i).
\end{aligned}
$$

Wir betrachten den Extrapolationsschritt von T_{00} und T_{10} nach T_{01} einmal genauer:

$$
\begin{aligned}
T_{01} &= \frac{1}{3}\,(4\,T_{10} - T_{00}) \\
&= \frac{1}{3} \left(4 \left(\frac{b-a}{2} \cdot \frac{f(a)+f(b)}{2} + f\left(\frac{a+b}{2} \right) \right) - \frac{b-a}{2}\,(f(a)+f(b)) \right) \\
&= \frac{b-a}{6}\,(f(a) + 4\,f\left(\frac{a+b}{2} \right) + f(b)) = Sf,
\end{aligned}
$$

d. h., die Formel T_{01} ist nichts anderes als die Simpson-Regel Sf. Weiter unten in der ersten Spalte des Romberg-Schemas stehen die Werte der summierten Trapezregel $T_{10}, T_{20}, \ldots$; die obige Rechnung drückt sich analog auch auf diese durch und so findet man in der zweiten Spalte des Romberg-Schemas Werte der summierten Simpsonregel $T_{01}, T_{11}, \ldots$ Dies passt auch gut zu den Fehlerordnungen: Wir hatten einerseits in (7.21) schon gesehen, dass die summierte Simpson-Regel die Fehlerordnung 4 besitzt, andererseits wissen wir auch aus (7.24), dass die Werte T_{i1} eine Fehlerordnung von 4 haben.

7.2.9 Praktische Aspekte

Auf den ersten Blick könnte man meinen, das Problem ein Integral näherungsweise zu berechnen, sei damit vollständig gelöst. Wir haben eine Reihe Formeln kennengelernt, und haben durch Variieren der Schrittweite h die Möglichkeit, die Genauigkeit auf das gewünschte Maß zu treiben. Bei genauerer Betrachtung bemerkt man aber, dass der Teufel doch im Detail steckt. Die Fehlerabschätzungen (7.19), (7.20), und (7.21) enthalten Ableitungen der zu integrierenden Funktion, die oft nicht zur Verfügung stehen oder deren Größe wir nicht abschätzen können. Darüber hinaus ist zu bedenken, dass die Fehlerabschätzungen u. U. den wirklichen Fehler grob überschätzen. Bei einer Überschätzung des Fehlers hätten wir die Schrittweite unnötig klein gewählt. Kleinere Schrittweiten bedeuten aber höheren Rechenaufwand (insbesondere eine größere Anzahl Funktionsauswertungen), den man aber nur investieren möchte, wenn es unbedingt nötig ist. Außerdem bringt eine größere Anzahl Rechenoperationen eine erhöhte Akkumulation von Rundungsfehlern mit sich. Wir sind hier auf eine grundlegende Problematik gestoßen, die in vielen Aufgabenstellungen der Numerik vorliegt.

Mit möglichst geringem Aufwand soll eine Näherung, die eine geforderte Genauigkeit besitzt, berechnet werden. ■

Wir benötigen also zwei Dinge:

- ein Mittel, den Fehler einer Näherung zu schätzen sowie
- eine Methode, den Rechenaufwand so gering wie möglich zu halten.

Eine Fehlerschätzung kann man oft aus zwei auf verschiedene Weisen berechneten Näherungswerten erhalten, z. B. aus zwei verschiedenen Quadraturformeln, die mit derselben Schrittweite verwendet werden.

Zur Vermeidung von unnötigem Rechenaufwand bedient man sich der **adaptiven Quadratur**. Ausgangspunkt ist die Beobachtung, dass die zu integrierende Funktion f oft Bereiche hat, in denen die Quadraturformeln relativ leicht gute Näherungen liefern, während dies in anderen Bereichen schwieriger ist. Beispielsweise erkennen wir aus Bild 7.4 und Bild 7.5, dass die Integrationsfehler klein sind, wenn f sich ungefähr wie eine Gerade verhält. Dies spiegelt sich auch in den Fehlerabschätzungen (7.19) und (7.20) wieder, denn dies sind Bereiche, in denen f'' klein ist. Hier könnte man also auch mit relativ großer Schrittweite h gute Näherungen erzielen. In Bereichen, in denen f'' größer ist, wäre dagegen eine verringerte Schrittweite angezeigt. Man versucht also, die Schrittweite nicht über das gesamte Integrationsintervall gleich zu halten („äquidistant"), sondern dem Verhalten von f anzupassen. Man kann ähnlich wie bei der Bisektion (s. Abschnitt 2.2) das Integrationsintervall halbieren und auf den Teilintervallen eine einfache Quadraturformel anwenden. Dann schätzt man den entstandenen Quadraturfehler. Ist der Fehler in einem (oder beiden) Teilintervallen noch nicht unter der gewünschten Schranke, so halbiert man das betreffende Intervall erneut und wendet im Teilintervall wieder die Quadraturformel an. Bei geschickter Organisation der Aufteilung und Verwendung passender summierter Formeln kann man – wie für den Fall der Extrapolationsquadratur schon geschildert – die bereits auf dem größeren Intervall berechneten Funktionswerte wieder verwenden. Diesen Prozess führt man so lange fort, bis der berechnete Näherungswert die geforderte Genauigkeit besitzt. Für Details siehe z. B. [11], [3].

In diesem Kapitel haben wir

- gesehen, wie aus Differenzenquotienten Näherungsformeln für Ableitungen gewonnen werden können,
- besondere durch die Rechnerarithmetik bedingte Phänomene dabei beleuchtet,
- zugehörige Fehlerdarstellungen hergeleitet,
- Methoden zur Verbesserung der Genauigkeit kennengelernt,
- Formeln zur näherungsweisen Berechnung von Integralen kennengelernt,
- dazu gehörige Fehlerdarstellungen notiert,
- gesehen, wie diese Formeln durch Summierung und Extrapolation verbessert werden können,
- die Idee von Newton-Cotes- und Gauss-Formeln kennengelernt.

■

8 Anfangswertprobleme gewöhnlicher Differenzialgleichungen

8.1 Problemstellung

In vielen Anwendungen ist der Zustand eines Systems durch eine zeitabhängige Größe, sagen wir $y(t)$, beschrieben. Der Zuwachs dieser Größe zu einem bestimmten Zeitpunkt hängt dabei häufig vom gegenwärtigen Zustand des Systems ab, d. h., der Zusammenhang zwischen den Größen $y'(t)$ und $y(t)$ wird durch eine Systemeigenschaft bestimmt. Als Beispiel seien Wachstumsprozesse in der Biologie, z. B. das Anwachsen von Bakterienpopulationen, genannt. Auch eine Abnahme der Größe, also negatives Wachstum, ist möglich: Beim radioaktiven Zerfall ist der Massenverlust proportional zur vorhandenen Masse. Eine mathematische Formulierung dieses Zusammenhangs führt dann auf eine sog. Differenzialgleichung. Kenntnis dieses Zusammenhangs alleine erlaubt aber noch keinen Rückschluss auf den Wert der Größe $y(t)$ – vielmehr muss $y(t)$ zu einem bestimmten Zeitpunkt bekannt sein, um dann mittels der Differenzialgleichung den zukünftigen Verlauf von $y(t)$ eindeutig berechnen zu können. Es muss also ein sog. Anfangswert gegeben sein.

Definition

Gegeben ist eine Funktion $f : \mathbf{R}^2 \to \mathbf{R}$, ein Intervall $[a, b]$ und ein **Anfangswert** y_0. Gesucht ist eine Funktion $y : [a, b] \to \mathbf{R}$ mit

$$y'(t) = f(t, y(t)) \qquad \text{für alle } t \in [a, b] \tag{8.1}$$

und

$$y(a) = y_0. \tag{8.2}$$

(8.1) bezeichnet man als **gewöhnliche Differenzialgleichung**, häufig schreibt man auch kurz $y' = f(t, y)$.
(8.1) zusammen mit (8.2) bezeichnet man als **Anfangswertproblem**.
Das Anfangswertproblem besteht also darin, eine Lösung y der gewöhnlichen Differenzialgleichung (8.1) zu finden, die an der Stelle $t = a$ den vorgegebenen Wert y_0 annimmt. ■

Beispielsweise hat die Differenzialgleichung $y'(t) = 0.5\,y(t)$ die allgemeine Lösung $y(t) = c\mathrm{e}^{0.5\,t}$, wobei $c \in \mathbb{R}$ eine beliebige Konstante ist. Die Lösung wird eindeutig, wenn wir die Konstante c eindeutig festlegen, z. B. durch die Forderung $y(-2) = 0.5$ („Anfangswert"); die eindeutige Lösung des Anfangswertproblems $y'(t) = 0.5\,y(t)$, $y(-2) = 0.5$ ist dann $y(t) = 0.5\,\mathrm{e}^{0.5\,t+1}$.

Bemerkung:
Entsprechend gibt es natürlich auch Systeme von Differenzialgleichungen; dabei sind die unbekannten Größen Vektoren, deren Komponenten Funktionen sind. Wir beschränken uns hier aber auf die Darstellung der Prinzipien für eindimensionale Anfangswertprobleme, halten dabei aber fest, dass sich alle hier vorgestellten Verfahren einfach auf Systeme erweitern lassen. Ihre Eigenschaften übertragen sich ebenfalls entsprechend.

Differenzialgleichungen und ihre Lösungen lassen sich wie folgt mithilfe des **Richtungsfeldes** veranschaulichen: Ausgangspunkt ist die geometrische Interpretation in einer Differenzialgleichung $y'(t) = f(t, y(t))$. Diese stellt offensichtlich einen Zusammenhang zwischen der Steigung der Lösung y' zum Zeitpunkt t und dem Punkt $(t, y(t))$ her. In der t, y-Ebene bedeutet dies: Wenn der Graph einer Lösung y durch einen Punkt (t, y) läuft, so muss er dort die Steigung $f(t, y)$ haben, siehe Bild 8.1. Zeichnet man nun in der t, y-Ebene in jedem Punkt Pfeile mit der Steigung $f(t, y)$, so geben diese Pfeile in jedem Punkt die Richtung der Lösungskurve an. Auf diese Weise erhält man das Richtungsfeld der Differenzialgleichung. Die Lösungskurven der Differenzialgleichung laufen dann stets tangential zu den Richtungen im Richtungsfeld.

Beispiel 8.1
Gegeben ist die Differenzialgleichung $y'(t) = f(t, y(t)) := t^2 + 0.1\,y(t)$. Zeichnen Sie das Richtungsfeld der Differenzialgleichung und darin die Lösungskurven zu den Anfangswerten $y(-1.5) = 0$ und $y(0) = 0.5$.

Lösung: Um das Richtungsfeld zu zeichnen, muss also in der t, y-Ebene z. B. im Punkt $(-1, 1)$ die Steigung $(-1)^2 + 0.1 \cdot 1 = 1.1$ eingetragen werden und im Punkt $(0.5, 1)$ die Steigung $0.5^2 + 0.1 \cdot 1 = 0.35$. Die Lösungskurven zu den gegebenen Anfangswerten erhält man, indem man vom Anfangspunkt der Lösungskurve, also $(-1.5, 0)$ bzw. $(0, 0.5)$, ausgehend, jeweils den Pfeilen folgt, siehe Bild 8.2. ■

Wir sehen also, dass man die Lösungskurve eines Anfangswertproblems finden kann, indem man vom Anfangswert ausgehend dem Richtungsfeld folgt. Die Grundidee vieler numerischer Verfahren zur Lösung von Anfangswertproblemen beruht darauf, dem Richtungsfeld möglichst genau zu folgen.

Eine Lösungskurve besteht aus unendlich vielen Punkten, wir werden also nicht alle diese Punkte berechnen können. Man bedient sich vielmehr einer **Diskretisierung**:

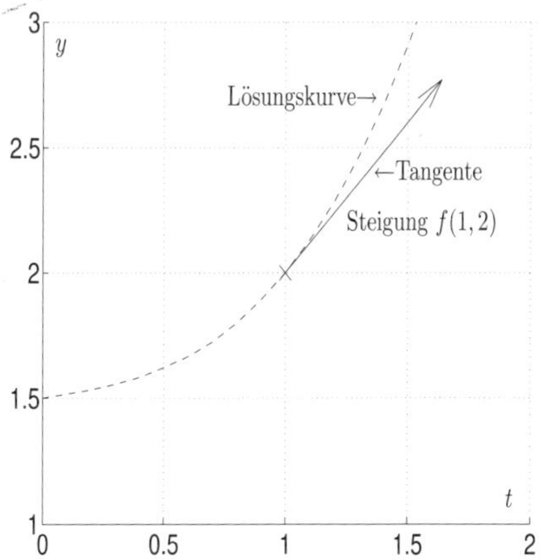

Bild 8.1 Idee des Richtungsfeldes

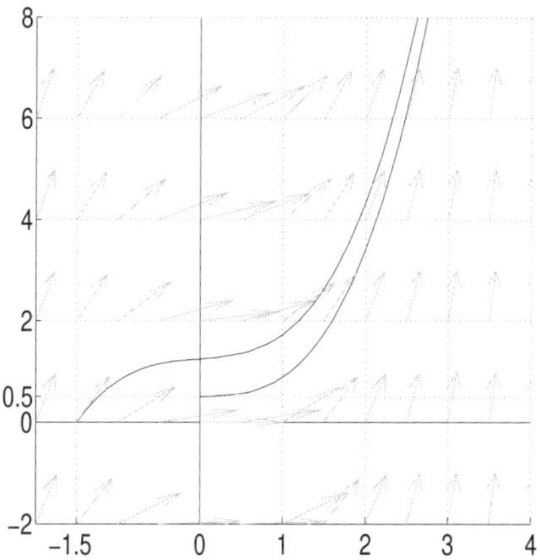

Bild 8.2 Lösungskurven im Richtungsfeld

Für ein $N \in \mathbb{N}$ definiert man die **Schrittweite** $h := (b-a)/N$ sowie $N+1$ **Gitterpunkte** $t_i := a + i\,h$, $i = 0, \ldots, N$. Durch letztere wird das Intervall $[a, b] = [t_0, t_N]$ in N gleich große Teilintervalle $[t_i, t_{i+1}]$, $i = 0, \ldots, N-1$ eingeteilt. Man spricht in diesem Fall auch von einer „äquidistanten" Diskretisierung. Ziel bei der numerischen Lösung von Anfangswertproblemen ist nun, in den Gitterpunkten t_i Näherungen y_i für die exakte Lösung $y(t_i)$ des Anfangswertproblems zu berechnen.

8.2 Das Euler-Verfahren

Das Euler-Verfahren ist das einfachste numerische Verfahren zur Lösung von Anfangswertproblemen. Wir verwenden es hier, weil sich dabei die Grundprinzipien gut demonstrieren lassen. Aufgrund von einigen Einschränkungen bei der Anwendung spielt es praktisch allerdings keine große Rolle.

Ausgangspunkt ist das Anfangswertproblem (8.1), (8.2). Dank des vorgegebenen Anfangswertes in $t_0 = a$ ist dies die einzige Stelle, in der wir den exakten Wert der Lösungsfunktion y kennen – die weiteren berechneten Werte enthalten Fehler, da es nicht möglich ist, dem Richtungsfeld exakt zu folgen. $t_0 = a$ ist ebenso die einzige Stelle, in der wir den exakten Wert von y' kennen: $y'(a) = f(a, y(a)) = f(a, y_0)$. Die Steigungen im Richtungsfeld variieren i. Allg. zwar von Punkt zu Punkt, jedoch werden sie in der Umgebung von $(a, y(a))$ nur wenig von $y'(a)$ abweichen. Wir verwenden daher diese Steigung, um zu einer Näherung y_1 von $y(t_1) = y(t_0 + h) = y(a + h)$ zu gelangen. Rechnerisch bedeutet das: $\quad y_1 = y_0 + h\,f(t_0, y(t_0)) = y_0 + h\,f(a, y(a))$.

Dahinter steckt wiederum eine Linearisierung: Wir haben y linearisiert, indem wir konstante Steigung angenommen haben. Obige Formel entsteht genau dadurch, dass wir in (8.1) die Steigung an der Stelle t durch die Steigung einer Geraden durch die Punkte $(t_0, y(t_0))$ und $(t_1, y(t_1))$ ersetzt haben. Also:

$$y'(t_0) \approx \frac{y(t_1) - y(t_0)}{t_1 - t_0} = \frac{y(t_1) - y(t_0)}{h}.$$

Setzt man dies in (8.1) ein, so erhält man nach Umstellung

$$y(t_1) \approx y(t_0) + h\, f(t_0, y(t_0)) = y_1.$$

Ausgehend von der Näherung $y_1 \approx y(t_1)$ kann man nun nach dem selben Prinzip eine Näherung $y_2 \approx y(t_2) = y(t_1 + h)$ berechnen usw.

Algorithmus 8.1
Das Euler-Verfahren - Protoyp eines Einschrittverfahrens

Input: Anfangswertproblem $y' = f(t, y)$, $t \in [a, b]$, $y(a) = y_a$,
N: Anzahl der Schritte

1: $h := \frac{b-a}{N}$
2: $y_0 := y_a$
3: **for** $n = 0, \ldots, N-1$ **do**
4: $\quad y_{n+1} := y_n + h\, f(t_n, y_n)$
5: $\quad t_n := t_n + h$
6: $\quad y_n := y_{n+1}$
7: **end for**

Output: $y_N \approx y(t_N) = y(b)$.

■

Andere Einschrittverfahren unterscheiden sich nur in Zeile 4 vom Euler-Verfahren. Dazu später mehr.

Beispiel 8.2
Mit dem Euler-Verfahren ist die numerische Lösung des Anfangswertproblems $y' = t^2 + 0.1\, y$, $y(-1.5) = 0$ (siehe Beispiel 8.1) auf $[-1.5, 1.5]$ mit $N = 5$ zu berechnen. Weiter sind die berechneten Näherungswerte sowie die exakte Lösung $y(t) = -10\, t^2 - 200\, t - 2000 + 1722.5\, e^{0.05\,(2\,t+3)}$ in das Richtungsfeld einzutragen.

Lösung: $N = 5 \Rightarrow h = \frac{1.5-(-1.5)}{5} = 0.6$. Unsere Gitterpunkte sind also $t_i = -1.5 + i\,0.6$ für $i = 0, \ldots, 5$, also $t_0 = -1.5$, $t_1 = -0.9$, $t_2 = -0.3$, $t_3 = 0.3$, $t_4 = 0.9$, $t_5 = 1.5$.
Die Näherungswerte gemäß Schritt 4 in Algorithmus 8.1 berechnet man dann mit

$$y_{n+1} = y_n + h\, f(t_n, y_n) = y_n + h\,(t_n^2 + 0.1\, y_n)$$

und erhält:

$$\begin{aligned}
y_0 &:= y(t_0) = 0,\\
y_1 &= y_0 + h\,(t_0^2 + 0.1\,y_0) = 1.35\\
y_2 &= y_1 + h\,(t_1^2 + 0.1\,y_1) = 1.917\\
y_3 &= y_2 + h\,(t_2^2 + 0.1\,y_2) = 2.08602\\
y_4 &= y_3 + h\,(t_3^2 + 0.1\,y_3) = 2.2651812\\
y_5 &= y_4 + h\,(t_4^2 + 0.1\,y_4) = 2.887092072.
\end{aligned}$$

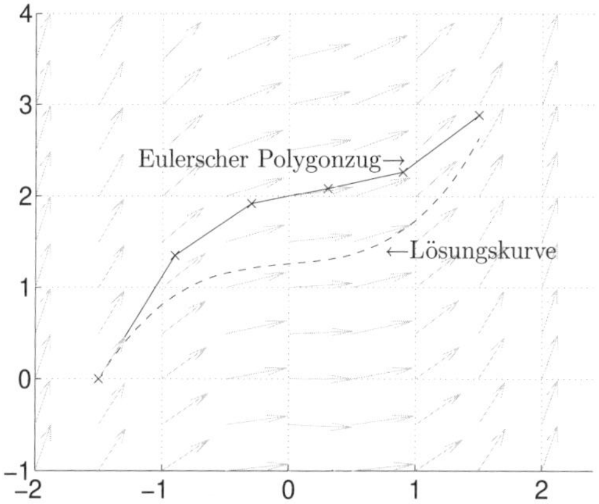

Bild 8.3 Zu Beispiel 8.2: numerische Lösung und exakte Lösung

Wir haben hier die berechneten Werte linear interpoliert, sodass ein Polygonzug entsteht. Man nennt daher das Euler-Verfahren auch „Eulersches Polygonzugverfahren“, siehe Bild 8.3. ■

Wir wollen nun untersuchen, wie sich der Fehler an der Stelle t_i, also $|y(t_i) - y_i|$ im Laufe der Rechnung entwickelt. Dazu schauen wir uns den Schritt von t_1 nach t_2 in obigem Beispiel genauer an. Im ersten Schritt, von t_0 nach t_1, gehen die numerische Lösung und die exakte Lösung y beide vom gleichen Anfangswert $y(t_0) = y_0$, welcher ja vorgegeben ist, aus. Der mit dem ersten Schritt des Euler-Verfahrens berechnete Wert y_1 weicht nun aber vom Wert der exakten Lösung $y(t_1)$ ab. Der zweite Schritt mit dem Euler-Verfahren ist identisch mit dem ersten Schritt, angewandt auf das gleiche Anfangswertproblem, aber nun mit der Vorgabe, dass der Anfangswert in t_1 gleich y_1 sein soll. Sei z die exakte Lösung des Anfangswertproblems $z' = f(t,z)$, $z(t_1) = y_1$. Ein Schritt mit dem Euler-Verfahren für dieses Anfangswertproblem liefert $z_1 = y_1 + f(t_1, y_1) = y_2$. Der Fehler zur exakten Lösung y des ursprünglichen Anfangswertproblems setzt sich dann wie folgt zusammen:

$$y_2 - y(t_2) = \big(y_2 - z(t_2)\big) + \big(z(t_2) - y(t_2)\big), \tag{8.3}$$

siehe Bild 8.4. $y_2 - z(t_2)$ ist der Fehler, der mit einem Euler-Schritt ausgehend vom Anfangswert $z(t_1) = y_1$ entsteht; man bezeichnet ihn als **lokalen Fehler**. Die Abweichung $z(t_2) - y(t_2)$ in (8.3) entsteht durch den unterschiedlichen Verlauf der beiden exakten Lösungen der Differenzialgleichung, aber zu verschiedenen Anfangswerten.

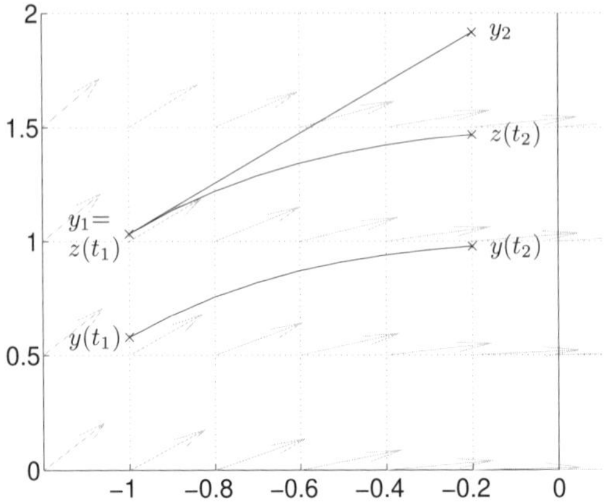

Bild 8.4 Zu (8.3): lokaler Fehler in der Nähe der Lösungskurve

Definition: Lokaler Fehler

Sei z die exakte Lösung des Anfangswertproblems $z' = f(t,z)$, $z(t_n) = y_n$. Sei y_{n+1} der mit einem numerischen Verfahren mit der Schrittweite h berechnete Näherungswert für $y(t_n + h)$. Dann ist der **lokale Fehler** $\varphi(t_n, h)$ definiert durch

$$\varphi(t_n, h) := z(t_n + h) - y_{n+1}.$$

Man sagt, das Verfahren hat die **Konsistenzordnung** p, falls gilt:

$$|\varphi(t_n, h)| \le C\, h^{p+1}$$

für genügend kleine h und eine Konstante $C > 0$, die vom Verfahren und von der Differenzialgleichung abhängt. ■

Definition: Globaler Fehler

Sei y die exakte Lösung des Anfangswertproblems $y' = f(t,y)$, $y(t_0) = y_0$ und y_n die mit n Schritten der Schrittweite h des Verfahrens berechnete Näherung an der Stelle $t_n = t_0 + n\,h$. Der **globale Fehler** ist der Gesamtfehler und definiert als

$$y(t_n) - y_n$$

Man sagt, das Verfahren hat die **Konvergenzordnung** p, falls gilt:

$$|y(t_n) - y_n| \le C\, h^p \tag{8.4}$$

für genügend kleine h und eine Konstante $C > 0$, die vom Verfahren und von der Differenzialgleichung abhängt. ∎

Bemerkungen:

- Der globale Fehler fällt um eine h-Potenz niedriger aus als der lokale Fehler. Dieses Phänomen ist im Prinzip das gleiche wie bei der Quadratur, wo wir beim Übergang von der einfachen Formel zur summierten Formel eine h-Potenz verlieren. Hier ist der Zusammenhang nur nicht ganz so einfach, denn der globale Fehler ist nicht einfach die Summe der lokalen Fehler. In (8.3) haben wir schon gesehen, dass auch noch eine Rolle spielt, wie sich verschiedene Lösungskurven der Differenzialgleichung zueinander verhalten, d. h., ob sie sich für wachsendes t einander annähern oder auseinander laufen. Insofern ist nicht ohne weiteres klar, dass ein Verfahren mit Konsistenzordnung p automatisch Konvergenzordnung p besitzt. Für die in diesem Buch betrachteten Verfahren ist dies aber der Fall (siehe [7]).
- Verwendbar sind nur die Verfahren mit Konvergenzordnung $p \geq 1$, denn dann besagt (8.4), dass $\lim_{h \to 0} y(t_n) - y_n = 0$, d. h., der globale Fehler wird beliebig klein, wenn man nur die Schrittweite h beliebig klein werden lässt. Das Euler-Verfahren erfüllt diese Bedingung.

Konsistenz und Konvergenz des Euler-Verfahrens

Mit den Bezeichnungen aus obigen Definitionen gilt:
Der lokale Fehler des Euler-Verfahrens kann mittels Taylorentwicklung (siehe (7.1)) dargestellt werden als

$$\varphi(t_n, h) = \frac{h^2}{2} y''(\xi),$$

wobei $\xi \in [t_n, t_n + h]$ eine unbekannte Zwischenstelle ist. Für den entsprechenden globalen Fehler gilt:

$$|y(t_n) - y_n| \leq \frac{h}{2} \max_{t \in [t_0, t_n]} |y''(t)| \frac{e^{L(t_n - t_0)} - 1}{L}, \tag{8.5}$$

wobei vorausgesetzt wird, dass

$$|f(t, y) - f(t, \tilde{y})| \leq L |y - \tilde{y}| \qquad \text{für alle } t, y, \tilde{y}$$

gilt („Lipschitzbedingung mit Lipschitzkonstante L").
Das Euler-Verfahren besitzt also Konsistenzordnung 1 und Konvergenzordnung 1. ∎

Die Lipschitzbedingung stellt keine wirklich einschränkende Voraussetzung dar, sie ist die übliche Voraussetzung, die auch Existenz und Eindeutigkeit der Lösung eines Anfangswertproblems garantiert.

Aufgaben

8.1 Wenden Sie das Euler-Verfahren auf das Anfangswertproblem $y'(t) = 5$, $y(0) = 2$ mit den Schrittweiten $h = 0.5$ und $h = 0.25$ an, um einen Näherungswert für $y(2)$ zu berechnen. Vergleichen Sie diese Näherungen mit der exakten Lösung und erklären Sie Ihre Beobachtung.

8.2 Gegeben ist das Anfangswertproblem $y' = -200\,y$, $y(0) = 1$. Für die exakte Lösung $y(t)$ gilt (warum?): $\lim\limits_{t\to\infty} y(t) = 0$. Formulieren Sie das Euler-Verfahren zur Schrittweite h für dieses Anfangswertproblem. Welche Bedingung muss eine Schrittweite h erfüllen, damit für die vom Euler-Verfahren erzeugten Näherungen y_n gilt: $\lim\limits_{n\to\infty} y_n = 0$?

8.3 Praktische Aspekte

Ähnlich wie bei der Quadratur, siehe 7.2.9, wäre es nun aber zu früh sich zurückzulehnen in der Annahme, damit sei das Problem Anfangswertprobleme numerisch zu lösen, erledigt; man brauche ja nur das Euler-Verfahren mit genügend kleiner Schrittweite h zu verwenden. Auch hier kann man nicht damit rechnen, die in den Fehlerabschätzungen auftauchenden Konstanten zu kennen, um dann auszurechnen, wie klein denn die Schrittweite sein sollte, damit der globale Fehler eine vorgegebene Toleranz nicht überschreitet. Selbst wenn man die rechte Seite in (8.5) berechnen könnte, wäre man nicht zufrieden, denn der Ausdruck ist in vielen Fällen übertrieben groß, sodass er keinen realistischen Eindruck des globalen Fehlers, also der linken Seite in (8.5), liefert. Man erkennt auch, dass die rechte Seite mit zunehmender Länge des Integrationsintervalls $[a, b]$ immer größer wird. Wir können aber schon aus Bild 8.3 erahnen, dass der Fehler am Ende des Intervalls durchaus auch kleiner sein kann als z. B. in der Mitte des Intervalls. Andererseits können wir schon aus Bild 8.4 ablesen, dass ein einziger Schritt mit einer zu großen Schrittweite die numerische Lösung so weit von der exakten Lösung entfernt, dass es danach kaum noch möglich wird, wieder sehr nahe an diese heranzukommen.

Worauf es also in der Praxis ankommt, ist eine geeignete **Schrittweitensteuerung**. In den Programmpaketen zur numerischen Lösung von Anfangswertproblemen werden ausgeklügelte Methoden dafür verwendet. Die Unterschiede in den Programmpaketen liegen, außer in der Art der verwendeten Verfahren, in der Philosophie der Schrittweitensteuerung. So gibt es auch verschiedene Programmpakete für verschiedene Typen von Differenzialgleichungen.

Allen Methoden der Schrittweitensteuerung ist gemeinsam, dass in jedem einzelnen Schritt versucht wird, die Schrittweite so zu wählen, dass am Ende des Integrationsintervalls der globale Fehler kleiner als eine vom Benutzer vorgegebene Toleranz TOL

ist. Da der globale Fehler am Ende des Intervalls aber nicht aus lokalen Informationen, also von Schätzungen gewisser Größen an Zwischenstellen im Intervall, vorhergesagt werden kann, kontrolliert man stattdessen den lokalen Fehler in jedem einzelnen Schritt. Die Wahl der Schrittweite in jedem Schritt beruht dabei auf einer **Schätzung des lokalen Fehlers**. Durch angepasste Schrittweitenwahl wird der lokale Fehler so klein gehalten, dass – so hofft man – der globale Fehler unterhalb TOL bleibt. Zur Schätzung des lokalen Fehlers rechnet man in einem Testschritt zwei Näherungen aus. Dazu wählt man entweder ein Verfahren mit zwei verschiedenen Schrittweiten, oder man wählt zwei verschiedene Verfahren mit derselben Schrittweite. Damit sich in letzterer Variante der Aufwand in Grenzen hält, verwendet man zwei Verfahren, die möglichst dieselben Funktionswerte verwenden (sog. eingebettete Formeln). Ist der Testschritt erfolgreich, d. h., bleibt der geschätzte lokale Fehler unterhalb gewisser Grenzen, so wird er akzeptiert. Ist dies nicht der Fall, wird ein neuer Testschritt mit verkleinerter Schrittweite durchgeführt.
Nach einem akzeptierten Schritt versucht man die Schrittweite wieder zu vergrößern, denn größere Schrittweiten erlauben natürlich ein schnelleres Erreichen des Intervallendes. Generell wird ein Verfahren mit einer vernünftigen Schrittweitensteuerung große Schrittweiten in Bereichen wählen, in denen sich die Lösung nur langsam ändert, und kleinere Schrittweiten dort, wo die Lösung größere Steigungen aufweist. Für Details siehe z. B. [6], [7].

8.4 Weitere Einschrittverfahren

Wir haben das Euler-Verfahren geometrisch hergeleitet, indem wir eine Näherung für die Steigungen im Richtungsfeld benutzt haben. Das Euler-Verfahren hat, wie wir gesehen haben, die Konvergenzordnung 1. Es liegt nun nahe, andere Näherungen für die Steigung im Richtungsfeld zu verwenden, um andere Verfahren herzuleiten und zu prüfen, ob diese möglicherweise Vorteile gegenüber dem Euler-Verfahren besitzen. Ein großer Vorteil wäre z. B. eine höhere Konvergenzordnung. Wir erinnern uns (vgl. 2.5), dass ein Verfahren höherer Ordnung bei gleicher Schrittweite auf einen deutlich verringerten globalen Fehler hoffen lässt. Wir definieren zunächst die Klasse der Verfahren, die wir betrachten wollen.

! Ein **Einschrittverfahren** ist eine Iterationsvorschrift der Form

$$y_{n+1} = y_n + h\phi(t_n, y_n, h, f), \quad n = 0, 1, \ldots$$

mit der Schrittweite h zur numerischen Lösung von $y' = f(t, y)$, $y(t_0) = y_0$, wobei $t_n = t_0 + nh$.

■

Das Euler-Verfahren ist ein Einschrittverfahren mit

$$\phi(t_n, y_n, h, f) := f(t_n, y_n).$$

Einschrittverfahren verwenden nur den aktuellen Wert y_n, die Schrittweite h, den aktuellen Zeitpunkt t_n und natürlich die rechte Seite f der Differenzialgleichung, um einen Näherungswert zum nächsten Zeitpunkt $t_n + h$ zu berechnen. ϕ ist die Steigung zwischen zwei berechneten Näherungen. Es ist damit klar, dass für alle Einschrittverfahren

$$\phi(t_n, y_n, h, f) \approx y'(t_n)$$

gelten sollte, damit das Verfahren dem Richtungsfeld der Differenzialgleichung folgen kann. Eine Variante ist, einen Euler-Schritt mit der halben Schrittweite auszuführen und an dem so erhaltenen Punkt die Steigung des Richtungsfeldes auszuwerten. Mit dieser Steigung führt man dann von y_n einen ganzen Schritt aus. Konkret bedeutet das:

$$\begin{aligned} Y &:= y_n + \frac{h}{2} f(t_n, y_n) \qquad \text{(Euler-Schritt mit } \frac{h}{2}) \\ y_{n+1} &:= y_n + h f(t_n + \frac{h}{2}, Y). \end{aligned}$$

Dies ist die sog. Mittelpunktsregel.

Das Einschrittverfahren

$$k_1 = f(t_n, y_n) \tag{8.6}$$

$$k_2 = f(t_n + \frac{h}{2}, y_n + \frac{h}{2} k_1) \tag{8.7}$$

$$y_{n+1} = y_n + h k_2 \tag{8.8}$$

heißt **Mittelpunktsregel** oder auch **modifiziertes Euler-Verfahren**. Es besitzt die Konsistenz- und Konvergenzordnung $p = 2$.

■

Betrachtet man einen Euler-Schritt mit der Schrittweite h, also $y_{n+1} = y_n + h f(t_n, y_n)$ und das Ergebnis $\hat{y}_{n+1}$ nach zwei Schritten der Schrittweite $\frac{h}{2}$, also

$$Y := y_n + \frac{h}{2} f(t_n, y_n) \qquad \text{erster Euler-Schritt}$$

$$\hat{y}_{n+1} := Y + \frac{h}{2} f(t_n + \frac{h}{2}, Y), \qquad \text{zweiter Euler-Schritt}$$

so kann man sich leicht davon überzeugen, dass der Ausdruck $2\,\hat{y}_{n+1} - y_{n+1}$ genau die rechte Seite in (8.8) liefert. Durch diese einfache Linearkombination können wir also aus zwei Näherungswerten eines Verfahrens der Ordnung 1 (nämlich des Euler-Verfahrens) ein Verfahren der Ordnung 2 (nämlich die Mittelpunktsregel) gewinnen. Dies ist genau dasselbe Prinzip, das wir bereits in 7.1.4 kennengelernt haben, nämlich die h-Extrapolation.

Eine weitere Verbesserung des Euler-Verfahrens ist, einen Euler-Schritt mit der Schrittweite h auszuführen und an dem so erhaltenen Punkt die Steigung des Richtungsfeldes auszuwerten. Den arithmetischen Mittelwert dieser Steigung mit der Steigung im Ausgangspunkt verwendet man dann als Steigung, um einen Schritt vom Ausgangspunkt auszuführen. Konkret führt das auf:

Das Einschrittverfahren

$$k_1 = f(t_n, y_n)$$
$$k_2 = f(t_n + h, y_n + h\,k_1)$$
$$y_{n+1} = y_n + \frac{h}{2}(k_1 + k_2)$$

heißt **Verfahren von Heun**[1]. Es besitzt die Konsistenz- und Konvergenzordnung $p = 2$. ■

Die Mittelpunktsregel und das Verfahren von Heun beruhen beide auf der Idee, die Steigung im Richtungsfeld an Zwischenpunkten auszuwerten und aus diesen dann die Verfahrensfunktion ϕ zu definieren. Beide Verfahren verwendeten zwei Zwischenpunkte. Diese Idee lässt sich verallgemeinern, ein Beispiel ist das folgende Verfahren.

[1] Karl Heun, 1859-1929, deutscher Mathematiker

Das Verfahren

$$\begin{aligned} k_1 &= f(t_n, y_n) \\ k_2 &= f(t_n + \frac{h}{2}, y_n + \frac{h}{2} k_1) \\ k_3 &= f(t_n + \frac{h}{2}, y_n + \frac{h}{2} k_2) \\ k_4 &= f(t_n + h, y_n + h\, k_3) \\ y_{n+1} &= y_n + h \frac{1}{6} \left(k_1 + 2\, k_2 + 2\, k_3 + k_4\right) \end{aligned}$$

heißt **klassisches vierstufiges Runge[2]-Kutta[3]-Verfahren**. Es besitzt die Konsistenz- und Konvergenzordnung $p = 4$.

Beispiel 8.3

In Beispiel 8.2 haben wir mit dem Euler-Verfahren die numerische Lösung von $y' = t^2 + 0.1\, y$, $y(-1.5) = 0$ auf $[-1.5, 1.5]$ mit $N = 5$ berechnet. Nun soll dieselbe Aufgabe mit der Mittelpunktsregel, dem Verfahren von Heun und dem klassischen Runge-Kutta-Verfahren gelöst werden. Weiter sollen die Fehler der berechneten Näherungen verglichen werden. Die exakte Lösung ist wie vorher

$$y(t) = -10\, t^2 - 200\, t - 2000 + 1722.5\, e^{0.05\,(2\,t+3)}.$$

Lösung: Wir erhalten die folgenden Näherungswerte

t	Euler	Mittelpunktsr.	Heun	klass. RK	exakt
−1.5	0	0	0	0	0
−0.9	1.350	0.904500	0.958500	0.913456	0.913451
−0.3	1.91700	1.19098	1.30232	1.21334	1.21333
0.3	2.08602	1.26620	1.43842	1.30692	1.30691
0.9	2.26518	1.56207	1.79893	1.62668	1.62666
1.5	2.88709	2.53719	2.84269	2.63182	2.63180

2 Carl Runge, 1856-1927, deutscher Mathematiker

3 Wilhelm Kutta, 1867-1944, deutscher Mathematiker

Die Fehler (exakter Wert – Näherung) ergeben sich demnach zu

t	Euler	Mittelpunktsr.	Heun	klass. RK
−1.5	0	0	0	0
−0.9	0.436549	0.008951	0.045049	0.000004926
−0.3	0.70367	0.02235	0.08899	0.00000945
0.3	0.77911	0.04071	0.13151	0.00001353
0.9	0.63852	0.06459	0.17227	0.00001707
1.5	0.25529	0.09461	0.21089	0.00001999

Wie erwartet liefert das Verfahren mit der größten Konvergenzordnung, nämlich das klassische Runge-Kutta-Verfahren ($p = 4$), die genauesten Werte. Das Euler-Verfahren besitzt nur Konvergenzordnung $p = 1$ und bleibt in der Genauigkeit hinter den anderen Verfahren zurück. Die beiden Verfahren mit $p = 2$ liegen in der Genauigkeit zwischen dem Euler- und dem klassischen Runge-Kutta-Verfahren, wobei die Mittelpunktsregel noch genauere Werte als das Verfahren von Heun liefert. ■

Man kann allgemein auch s-stufige Runge-Kutta-Verfahren definieren:

Ein **allgemeines (explizites) s-stufiges Runge-Kutta-Verfahren** ist gegeben durch die Formeln

$$k_i = f(t_n + c_i\, h, y_n + h \sum_{j=1}^{i-1} a_{ij}\, k_j) \qquad \text{für } i = 1, \ldots, s \tag{8.9}$$

$$y_{n+1} = y_n + h \sum_{j=1}^{s} b_j\, k_j. \tag{8.10}$$

Hierbei ist s die Stufenzahl, a_{ij}, c_j, b_j sind Konstanten. Die Konsistenz- und Konvergenzordnung hängt von der Wahl dieser Konstanten ab. ■

Man notiert die Koeffizienten meist in der Form:

$$\begin{array}{c|ccccc}
c_1 & & & & & \\
c_2 & a_{21} & & & & \\
c_3 & a_{31} & a_{32} & & & \\
\vdots & & & & & \\
c_i & a_{i1} & a_{i2} & \dots & a_{i,i-1} & \\
\vdots & & & & & \\
c_s & a_{s1} & a_{s2} & \dots & a_{s,s-1} & \\
\hline
 & b_1 & b_2 & \dots & b_{s-1} & b_s
\end{array}$$

Alle bisher vorgestellten Verfahren passen in dieses Schema:

Euler-Verfahren, $s = 1$:

$$\begin{array}{c|c}
0 & \\
\hline
 & 1
\end{array}$$

Mittelpunktsregel, $s = 2$:

$$\begin{array}{c|cc}
0 & & \\
0.5 & 0.5 & \\
\hline
 & 0 & 1
\end{array}$$

Heun-Verfahren, $s = 2$:

$$\begin{array}{c|cc}
0 & & \\
1 & 1 & \\
\hline
 & 0.5 & 0.5
\end{array}$$

klass. Runge-Kutta-Verfahren, $s = 4$:

$$\begin{array}{c|cccc}
0 & & & & \\
0.5 & 0.5 & & & \\
0.5 & 0 & 0.5 & & \\
1 & 0 & 0 & 1 & \\
\hline
 & \frac{1}{6} & \frac{1}{3} & \frac{1}{3} & \frac{1}{6}
\end{array}$$

Bemerkung:
Im Allgemeinen wird bei Einschrittverfahren eine Schrittweitensteuerung durch Kopplung von zwei verschiedenen Verfahren erreicht („eingebettete Runge-Kutta-Verfahren"). Diese Kopplung ermöglicht die Schätzung des lokalen Fehlers. Die Verfahren können dabei entweder unterschiedliche Ordnung oder unterschiedliche Stufenzahl bei gleicher Ordnung besitzen. Diese Methoden findet in Programmpaketen Verwendung.

Aufgaben

8.3 Wir betrachten das Anfangswertproblem $y'(t) = f(t)$, $y(a) = 0$. Gesucht ist $y(b)$ für $b > a$. Wie lautet die exakte Lösung? Formulieren Sie die Mittelpunktsregel und das Verfahren von Heun für dieses Anfangswertproblem und vergleichen Sie die entstandenen Formeln mit denen aus Kapitel 7. Was stellen Sie fest? Vergleichen Sie auch die Fehlerordnungen.

8.4 Formulieren Sie das allgemeine Runge-Kutta-Verfahren für die Differenzialgleichung $y' = 1$. Weisen Sie nach, dass damit die exakte Lösung der Differenzialgleichung berechnet wird, wenn die Bedingung $\sum_{j=1}^{s} b_j = 1$ gilt. Überzeugen Sie sich davon, dass diese Bedingung für alle hier vorgestellten Verfahren erfüllt ist.

8.5 Weitere Verfahren

Außer den hier vorgestellten Verfahren gibt es natürlich noch weitere. Die bisher vorgestellten Verfahren dienten allein dazu, die Prinzipien von Diskretisierungen von Differenzialgleichungen zu illustrieren. Die praktische Bedeutung dieser Verfahren sollte nicht überschätzt werden – in einigen Fällen mögen sie numerische Lösungen von ausreichender Genauigkeit liefern, in anderen wiederum nicht. Die Unterscheidung ist für den Laien schwierig – den Zahlen, die ein Verfahren liefert, sieht man ja nicht an, ob sie genau genug sind oder nicht. Es ist daher wichtig, für den jeweiligen Anwendungsbereich das richtige Verfahren bzw. Programmpaket zur Hand zu haben. Genaueres dazu findet man u. a. in [7], [6]. In Programmpaketen findet man auch üblicherweise nicht nur ein einziges Verfahren, sondern mehrere. Ausgeklügelte Strategien im Programm steuern nicht nur selbsttätig die Schrittweite, sondern wählen auch, angepasst an die zu lösende Differenzialgleichung, welches Verfahren gerade verwendet werden soll.

- **Extrapolationsverfahren**
  Wie in Kapitel 7 ist auch hier Extrapolation möglich. Wenn das Verfahren eine Fehlerentwicklung in Potenzen der Schrittweite h besitzt, kann mit wenig Rechenaufwand durch Extrapolationsschritte die Genauigkeit deutlich verbessert werden. Zu beachten ist dabei wie früher, ob eine Fehlerentwicklung in Potenzen von h oder sogar h^2 vorliegt – in letzterem Fall ist bekanntlich der Genauigkeitsgewinn noch größer. Die Formeln und das zugehörige Extrapolationsschema sind identisch mit den in Kapitel 7 benutzten. Genaueres siehe z. B. in [6].
- **Implizite Verfahren**
  Bisher haben wir Einschrittverfahren vom Typ $y_{n+1} = y_n + h\phi(t_n, y_n, h, f)$ betrachtet. Man nennt diese „explizite“ Verfahren, weil alle Größen der rechten Seite bekannt sind. Implizite Verfahren lassen auf der rechten Seite auch eine Abhängigkeit von y_{n+1} zu, d. h. sie haben die Form

  $$y_{n+1} = y_n + h\phi(t_n, y_n, t_{n+1}, y_{n+1}, h, f).$$

  Als Beispiel erwähnen wir hier nur das sog. implizite Euler-Verfahren

  $$y_{n+1} = y_n + hf(t_{n+1}, y_{n+1}).$$

  Der neue Wert y_{n+1} ist dabei als Lösung der obigen Gleichung definiert. Man kann zeigen, dass die Gleichung eindeutig lösbar ist, wenn nur h klein genug ist. In jedem Schritt ist also eine Gleichung (numerisch) zu lösen. Dies klingt zunächst nach einem erheblichen Mehraufwand bei der numerischen Lösung. Implizite Verfahren weisen jedoch Vorteile in der Stabilität auf, d. h. im gutartigen Verhalten bei der Fehlerfortpflanzung im Laufe der Rechnung, sodass man den Mehraufwand durchaus gerne in Kauf nimmt.

- **Mehrschrittverfahren**
  Bisher haben wir Einschrittverfahren betrachtet, also solche, in der y_{n+1} die Kenntnis von y_n benutzt, nicht aber die der weiter zurückliegenden Werte $y_{n-1}, y_{n-2}, \ldots$ Einschrittverfahren schreiten also nur von einem Zeitpunkt zum nächsten fort, ohne die „Geschichte" zu berücksichtigen. Verfahren, die das dagegen tun, heißen Mehrschrittverfahren, genauer heißt

$$y_{n+1} = y_n + h\phi(t_n, y_n, t_{n-1}, y_{n-1}, t_{n-2}, y_{n-2}, \ldots, t_{n-k+1}, y_{n-k+1}, h, f)$$

  ein k-Schrittverfahren. Die obige Rekursionsformel definiert ein explizites k-Schrittverfahren; ist die rechte Seite zusätzlich von (t_{n+1}, y_{n+1}) abhängig, so handelt es sich um ein implizites k-Schrittverfahren. k-Schrittverfahren greifen also auf die letzten schon berechneten k Näherungen zurück. Diese Verfahren sind von großer praktischer Bedeutung und werden in vielen Programmpaketen eingesetzt. Die Schrittweitensteuerung ist hier aufwendiger, dies wird aber durch Vorteile in der Konvergenzordnung und Stabilität wieder wett gemacht.

In diesem Kapitel haben wir

- aus dem Richtungsfeld einer gewöhnlichen Differenzialgleichung die Idee der Einschrittverfahren gewonnen,
- ausgehend vom Euler-Verfahren weitere Einschrittverfahren entwickelt,
- Konvergenz- und Genauigkeitsfragen erörtert,
- einen ersten Einblick in Mehrschrittverfahren gewonnen.

Lösungen

1.1 $x_1 = 76005$, $x_2 = 0.000571$.

1.2 $x_1 = 7$, $x_2 = 0.0703125$.

1.3 Man benötigt für x_1 5 Stellen, für x_2 7 Stellen, für x_3 1 Stelle. $x_4 = 0.\bar{3}$ ist für kein n als n-stellige Gleitpunktzahl darstellbar.

1.4 $0.000 \cdot 2^0 = 0$, $0.100 \cdot 2^0 = 0.5$, $0.101 \cdot 2^0 = 0.625$, $0.110 \cdot 2^0 = 0.75$, $0.111 \cdot 2^0 = 0.875$, $0.100 \cdot 2^1 = 1$, $0.101 \cdot 2^1 = 1.25$, $0.110 \cdot 2^1 = 1.5$, $0.111 \cdot 2^1 = 1.75$.

1.5 Für die 20-stellige Mantisse im Dualsystem gibt es 2^{19} verschiedene Möglichkeiten (die erste Nachkommaziffer muss ja 1 sein). Zusammen mit dem Vorzeichen gibt es also 2^{20} Möglichkeiten. Für den 4-stelligen Exponenten im Dualsystem gibt es 2^4 Möglichkeiten, inkl. Vorzeichen also $2^5 - 1$ (da die Null doppelt gezählt wurde). Insgesamt gibt es also $2^{20} \cdot (2^5 - 1) = 32505856$ Möglichkeiten. Da wir aber die Zahl 0 noch nicht erfasst haben, sind es insgesamt 32505857 Maschinenzahlen.
Die kleinste positive Maschinenzahl ist dabei $0.1 \cdot 2^{-1111} = 2^{-16}$ $\approx 1.53 \cdot 10^{-5}$, die größte ist $0.11111111111111111111 \cdot 2^{1111}$ $= (1 - 2^{-20}) \cdot 2^{15} = 2^{15} - 2^{-5} = 32767.96875$.

1.6 Bei 10-stelliger Rechnung erhält man für $f(n) := (1 + \frac{1}{n})^n$:

n	10^8	10^9	10^{10}	10^{11}
$f(n)$	2.718281815	2.718281827	1	1

Für noch größere Werte von n erhält man wiederum $f(n) = 1$. Eine bessere Annäherung an die Zahl e ist also so nicht zu erreichen. Das Ergebnis für $n = 10^9$ stimmt in den ersten 9 Ziffern mit der Zahl e überein. In 10-stelliger Gleitpunktarithmetik ist $\text{rd}(1 + \frac{1}{n})) = 1$, also $f(n) = 1$.

1.7 $s_1 = 1$. Der Summenwert wird bei 3-stelliger Rechnung stagnieren, wenn in der 3. Nachkommastelle nichts mehr dazu kommt. Da ab der Ziffer 5 aufgerundet werden würde, muss die 3. Nachkommastelle kleiner als 5 sein, d. h. die Summation stagniert, wenn der Summand kleiner als $5 \cdot 10^{-3}$ ist. Die Bedingung $\frac{1}{i^2} < 5 \cdot 10^{-3}$ führt auf $i > \sqrt{200} \geq 14.14$, d. h. ab dem 15. Summanden fallen alle weiteren Summanden der Rundung zum Opfer.
Im Falle 5-stelliger Rechnung führt eine analoge Überlegung auf
$i > \sqrt{20000} \geq 141.4$.
Bei n-stelliger Rechnung erhält man $\frac{1}{i^2} < 5 \cdot 10^{-n}$, d. h. $i > \sqrt{2 \cdot 10^{n-1}}$.

1.8 $eps := 1$; while $1. + eps \neq 1.$ do $eps := eps/2$; $eps := eps \cdot 2$; write eps.
Das Ergebnis, das dieses Programm liefert, hängt natürlich von dem Rechner ab, auf dem es läuft. Auf einem Taschenrechner könnte man z. B. $eps = 5 \cdot 10^{-10}$ erwarten. Auf einem PC werden Sie auch einen Unterschied feststellen, wenn Sie in Ihrem Programm *double precision* anstelle *single precision* verwenden.

1.9 Es sind die gleichen Phänomene wie in Beispiel 1.4 zu beobachten. Für kleine x wird $e^x \approx 1$ und in der Formel $\frac{e^x - 1}{x}$ tritt Auslöschung ein. Lässt man x immer kleiner werden, so wird der Ausdruck sogar Null. Eine genaue Grenzwertbestimmung kann also auf diese Weise nicht durchgeführt werden.

1.10 $x = 4 \cdot 2378^4 - 3363^4 + 2 \cdot 3363^2$ ist auf jeden Fall eine natürliche Zahl, wir schätzen die Anzahl der Ziffern von x: $2378 > 2 \cdot 10^3$, also ist $2378^4 > 1.6 \cdot 10^{13}$, also eine 14-stellige Zahl. Analog ist $3363 > 3.3 \cdot 10^3$, also ist $3363^4 > 1.1 \cdot 10^{14}$ eine 15-stellige Zahl. $2 \cdot 3363^2$ lässt sich dagegen bei mindestens 10-stelliger Rechnung exakt darstellen. $4 \cdot 2378^4$ wird also von der nächsten 10-stelligen Maschinenzahl um mindestens 1000 abweichen (absoluter Fehler), 3363^4 sogar um mindestens 10000. Wir müssen damit rechnen, dass sich die absoluten Fehler bei Addition addieren, sodass im Endergebnis eine Abweichung von mindestens 10000 zu erwarten ist. Bei 10-stelliger Darstellung wird also $|x - \mathrm{rd}(x)| > 10000$ sein. Da alle auftretenden Zahlen max. 15-stellig sind, können wir davon ausgehen, bei mindestens 15-stelliger Rechnung das exakte Ergebnis zu erhalten. Im Folgenden sind die Ergebnisse bei n-stelliger Rechnung für verschiedene Werte von n angegeben.

n	10	11	12	13	14	15
$\mathrm{rd}(x)$	19538	−462	538	−62	−2	1

Man sieht sehr schön, dass bei Erhöhung der Stellenzahl um 1 der Rundungsfehler um den Faktor 10 absinkt. Die oben ausgerechneten Werte können je nach verwendetem Rechner schwanken, jedoch sollten die Werte in der Größenordnung der obigen Tabellenwerte liegen.

Man kann auch mit einem 10-stelligen Taschenrechner das exakte Ergebnis erhalten, wenn man unter Benutzung der binomischen Formeln den Ausdruck so umschreibt, dass nur noch max. 10-stellige Zahlen auftreten:

$$\begin{aligned} x &= (2\cdot 2378^2)^2 - (3363^2-1)^2 + 1 \\ &= (2\cdot 2378^2 + 3363^2 - 1)\cdot(2\cdot 2378^2 - (3363^2-1)) + 1 \\ &= (2\cdot 2378^2 + 3363^2 - 1)\cdot 0 + 1 = 1. \end{aligned}$$

Variante: $x = (2\cdot 2378^2 + 3363^2)\cdot(2\cdot 2378^2 - 3363^2) + 2\cdot 3363^2$

$= 22619537\cdot(-1) + 2\cdot 3363^2 = 1.$

1.11 $f(x) = \sin x + 5x^2 \Longrightarrow f'(x) = \cos x + 10x$. Auf $[1,2]$ gilt dann $|f'(x)| \le |\cos x| + 10|x| \le 1 + 10\cdot 2 = 21$.
Für den absoluten Fehler gilt: $|f(x) - f(\tilde{x})| \le 21\cdot|x-\tilde{x}|$. Damit also $|f(x)-f(\tilde{x})| \le 3$ ist, reicht es aus, wenn $21\cdot|x-\tilde{x}| \le 3$ gilt, also $|x-\tilde{x}| \le \dfrac{1}{7}$.
Auf $[1,2]$ gilt: $|f(x)| = 5x^2 + \sin x \ge 5x^2 \ge 5$, denn dort ist $\sin x \ge 0$. (Mit weniger Überlegung könnte man auf $[1,2]$ auch so abschätzen: $|f(x)| \ge 5x^2 - |\sin x| \ge 5x^2 - 1 \ge 4$.) Damit gilt für den relativen Fehler:

$$\frac{|f(x)-f(\tilde{x})|}{|f(x)|} \le 21\cdot\frac{|x|}{|f(x)|}\,\frac{|x-\tilde{x}|}{|x|} \le 21\cdot\frac{2}{5}\,\frac{|x-\tilde{x}|}{|x|} = 8.4\,\frac{|x-\tilde{x}|}{|x|}.$$

Damit der relative Fehler von $f(\tilde{x})$, also die linke Seite, höchstens 0.1 ist, reicht es auch, wenn die rechte Seite, also 8.4· (relativer Fehler von $\tilde{x}$) höchstens 0.1 ist, d. h. der relative Fehler in $\tilde{x}$ sollte dann höchstens 0.1/8.4 sein.

1.12 $f(x) = \dfrac{\ln x}{1+x^2} \Longrightarrow f'(x) = \dfrac{1+x^2-2x^2\ln x}{x(1+x^2)^2}$. Auf $[\frac{1}{3},2]$ gilt dann

$$|f'(x)| \le \frac{1+x^2+2x^2|\ln x|}{x(1+x^2)^2} \le \frac{1+2^2+2\cdot 2^2\ln 3}{\frac{1}{3}(1+\frac{1}{9})^2} = 2.43\,(5+8\ln 3)$$

Mit $M := 2.43\,(5+8\ln 3)$ gilt also $|f(x)-f(\tilde{x})| \le M\cdot|x-\tilde{x}|$. Damit $|f(x)-f(\tilde{x})| \le 0.01$ ist, reicht es aus, wenn $M\cdot|x-\tilde{x}| \le 0.01$ gilt, also $|x-\tilde{x}| \le \frac{1}{M}\,0.01$.
Hier kann der Verstärkungsfaktor für den relativen Fehler nicht nach oben begrenzt werden, denn $f(1) = 0$. Daher kann unter den gegebenen Voraussetzungen der relative Fehler der Funktionswerte beliebig groß werden.

1.13 Falsch, denn z. B. für $\tilde{x} = 0.68$, $x = 0.7$ gilt: Der absolute Fehler ist $|0.68 - 0.7| = 0.02$ und der relative Fehler $0.02/0.68 > 0.02$.

1.14 Falsch, denn z. B. für $\tilde{x} = 1.68$, $x = 1.7$ gilt: Der absolute Fehler ist $|1.68 - 1.7| = 0.02$ und der relative Fehler $0.02/1.68 < 0.02$.

1.15 Falsch, denn z. B. sind $\tilde{x}_1 = 0.5$, $\tilde{x}_2 = 1.5$ beide Näherungen für $x = 1$ mit absolutem Fehler jeweils 0.5, trotzdem ist $\tilde{x}_1 \neq \tilde{x}_2$.

1.16 Wahr, denn die Entfernung, d. h. der Abstand, vom exakten Wert ist ja gerade der absolute Fehler.

1.17 Falsch: Der Grund ist nicht die Rechengeschwindigkeit, sondern die auf diese Weise verbesserte Genauigkeit.

2.1 Ausgehend von $[a_0, b_0] = [-2, -1]$ findet man:
$[a_1, b_1] = [-1.5, -1]$, $[a_2, b_2] = [-1.25, -1]$, $[a_3, b_3] = [-1.25, -1.125]$,
$[a_4, b_4] = [-1.1875, -1.125]$. Mit $[a_0, b_0] = [0.5, 1]$ erhält man:
$[a_1, b_1] = [0.75, 1]$, $[a_2, b_2] = [0.75, 0.875]$, $[a_3, b_3] = [0.75, 0.8125]$,
$[a_4, b_4] = [0.78125, 0.8125]$, $[a_5, b_5] = [0.78125, 0.796875]$.

2.2 $F(x) = \sqrt[3]{x - 0.3} \Longrightarrow F'(x) = \dfrac{1}{3\sqrt[3]{(x-0.3)^2}}$. Damit sieht man, dass $|F'(\bar{x}_3)| < 1$ gilt, also $\bar{x}_3$ anziehender Fixpunkt ist.

2.3 Da wir aus Aufgabe 2.2 schon wissen, dass $\bar{x}_3$ anziehender Fixpunkt ist, erscheint es aussichtsreich, wenn wir das Intervall $[a, b]$ in der Umgebung von $\bar{x}_3 \approx 0.78$ suchen. Wir beginnen mit $[a, b] = [0.6, 1]$: Für $x \in [0.7, 1]$ gilt $F(x) = \sqrt[3]{x - 0.3} \geq \sqrt[3]{0.7 - 0.3} = \sqrt[3]{0.4} = 0.73\ldots \geq 0.7$ und $F(x) = \sqrt[3]{x - 0.3} \leq \sqrt[3]{1 - 0.3} = \sqrt[3]{0.7} = 0.88\ldots \leq 1$. Damit haben wir $F : [0.7, 1] \to [0.7, 1]$ nachgewiesen. Weiter gilt für $x \in [0.7, 1]$:

$$|F'(x)| = \frac{1}{3\sqrt[3]{(x-0.3)^2}} \leq \frac{1}{3\sqrt[3]{(0.7-0.3)^2}} = 0.614\ldots$$

Mit der Abschätzung (1.2) sehen wir, dass die Kontraktionsbedingung mit $\alpha = 0.62$ erfüllt ist.
Die a-priori-Abschätzung lautet in diesem Fall

$$\begin{aligned} |x_n - \bar{x}_3| &\leq \frac{\alpha^n}{1-\alpha}|x_1 - x_0| = \frac{0.62^n}{1-0.62}|0.7368\ldots - 0.7| \\ &\leq 0.097 \cdot 0.62^n \overset{!}{\leq} 10^{-4} \iff n \geq 14.3\ldots \end{aligned}$$

Demnach sind 15 Iterationen ausreichend, um die geforderte Genauigkeit zu erzielen. Die a-posteriori-Abschätzung für $n = 9$ lautet

$$\begin{aligned} |x_9 - \bar{x}_3| &\leq \frac{0.62}{1-0.62}|x_9 - x_8| \\ &= \frac{0.62}{0.38}|0.7861008160 - 0.7857745312| \leq 0.00054 \end{aligned}$$

Hier ist also die geforderte Genauigkeit noch nicht erreicht. Diese ist erst, wie man aus der a-posteriori-Abschätzung für $n = 12$ sieht, für $x_{12} = 0.7864227743$ erfüllt.

2.4 Für die Iteration $x_{n+1} = x_n^3 + 0.3 =: F_1(x_n)$ gilt $|F_1'(\bar{x}_2)| = 0.345$ und für $x_{n+1} = \sqrt[3]{x_n - 0.3} =: F_2(x_n)$ gilt $|F_2'(\bar{x}_3)| = 0.539$. Wir erwarten daher in der Nähe von $\bar{x}_2$

einen kleineren Kontraktionsfaktor α für die Iteration mit F_1 und daher schnellere Konvergenz. Dies bestätigt sich auch in Beispiel 2.6 und Aufgabe 2.3.

2.5 Offensichtlich ist $x = 0$ eine Lösung. $f(x) := 2\sin x - x$ ist eine ungerade Funktion – wenn wir eine Nullstelle $\bar{x}$ gefunden haben, so ist $-\bar{x}$ eine weitere. Wir suchen daher nur positive Nullstellen. Da stets $|\sin x| \leq 1$ gilt, brauchen wir Nullstellen nur in $(0, 2]$ zu suchen. Aufgrund von Monotonieüberlegungen findet man, dass dort genau eine Nullstelle liegt, nämlich $\bar{x} \approx 1.9$. Mit dem Newton-Verfahren finden wir, ausgehend von $x_0 = 2$, als gute Näherung $x_3 = \tilde{x} = 1.895494267$. Aus $f(1.895) \cdot f(1.896) < 0$ folgt $\bar{x} \in [1.895, 1.896]$, womit klar ist, dass $|\tilde{x} - \bar{x}| \leq 10^{-3}$. Für die Näherung $-\tilde{x}$ für die Nullstelle $-\bar{x}$ gilt die gleiche Fehlerabschätzung.

2.6 Zunächst ist aus Bild 2.5 anschaulich klar, dass es nur ein solches α geben kann. Es ist $f(1) \leq -0.791 < 0$ und $f(1.5) \geq 6.4631 > 0$, also liegt die gesuchte Nullstelle in $[1, 1.5]$. Startet man das Newton-Verfahren mit $x_0 = 1$, so erhält man $x_5 = 1.235897098\ldots$, $x_6 = 1.235896924\ldots$ und bei diesen Stellen ist bei den weiteren Iterationen keine Änderung erkennbar. Wählen wir als Näherung $\tilde{x} = 1.2359$, so ist wegen $f(\tilde{x} + 0.0001) = f(1.236) > 0$ und $f(\tilde{x} - 0.0001) = f(1.2358) < 0$ die gesuchte Nullstelle in $[1.2358, 1.2359]$ und damit gilt $|\tilde{x} - \alpha| \leq 0.0001$ wie gefordert.

2.7 Im Folgenden sind x_i bzw. y_i bzw. z_i die vom Newton- bzw. vereinfachten Newton- bzw. Sekantenverfahren berechneten Werte.

i	x_i	y_i	z_i
−1	–	–	2
0	1	1	1
1	1.5	1.5	1.333333333
2	1.416666667	1.375	1.4
3	1.414215686	1.4296875	1.414634146
4	1.414213562	1.407684326	1.414211438
5	1.414213562	1.416896745	1.414213562
6	1.414213562	1.413098552	1.414213562

Man erkennt die unterschiedliche Konvergenzgeschwindigkeit: Das Newton-Verfahren liefert den Wert auf 10 Stellen genau nach 4 Schritten, das Sekantenverfahren nach 5 Schritten. Das vereinfachte Newton-Verfahren würde diesen Wert erst nach 22 Schritten liefern. Das Sekantenverfahren bricht übrigens bei „Stillstand" der berechneten Näherung mit Fehlermeldung ab, weil im Falle $x_n = x_{n-1}$ im nächsten Schritt eine Division durch 0 ansteht.

2.8 Falsch: $f(x) = x^2$ hat in $[-1, 1]$ keinen Vorzeichenwechsel, besitzt aber trotzdem eine Nullstelle in $[-1, 1]$.

2.9 Falsch: für die konstante Funktion $f(x) = 10^{-10}$ sind alle Funktionswerte sehr klein, aber f besitzt gar keine Nullstelle. Es ist nicht schwierig, auch nichtkonstante Beispiele zu finden, auch solche mit Nullstellen, in denen $f(\tilde{x}) \approx 0$ ist, aber $\tilde{x}$ weit von einer Nullstelle entfernt liegt.

2.10 Wahr: Die Newton-Iteration ist identisch mit der Fixpunktiteration zu $F(x) := x - \frac{f(x)}{f'(x)}$. Dann gilt: $|F'(x)| = \frac{|f''(x)\,f(x)|}{(f'(x))^2}$. Für einfache Nullstellen $\bar{x}$ von f ist $f(\bar{x}) = 0$ und $f'(\bar{x}) \neq 0$, also $|F'(\bar{x})| = 0 < 1$, also ist $\bar{x}$ anziehender Fixpunkt von F mit sehr kleiner Kontraktionszahl.

3.1 An der Formel sieht man, dass für alle $i = 1, \ldots, n$ $a_{ii} \neq 0$ gelten muss.

3.2 Für jedes $i = 1, \ldots, n$ ist der Aufwand $n-i$ Punktoperationen in der Summe sowie eine Punktoperation für die Division durch a_{ii}. Die Gesamtzahl der Punktoperationen ist somit

$$\sum_{i=1}^{n} n - i + 1 = n(n+1) - \sum_{i=1}^{n} i = n(n+1) - \frac{n(n+1)}{2} = \frac{n(n+1)}{2}.$$

3.3 Die Transformation auf Dreiecksform benötigt 7 Punktoperationen (dabei wird der Faktor $\lambda = a_{ji}/a_{ii}$ nur einmal berechnet, auch wenn er mehrfach benutzt wird). Die Berechnung der Determinante der Dreiecksmatrix benötigt 2 Punktoperationen, insgesamt werden also für die Berechnung von $\det \boldsymbol{A}$ im Fall $n = 3$ neun Punktoperationen benötigt. In der Sarrusschen Regel werden 6 Produkte addiert, jedes dieser Produkte hat 3 Faktoren, d. h. insgesamt sind das 12 Punktoperationen.

3.4 Allgemein: In der i-ten Spalte sind $n-i$ Nullen zu erzeugen. Für jede davon wird einmal der Faktor $\lambda = a_{ji}/a_{ii}$ berechnet (eine Punktoperation) sowie der Eliminationsschritt durchgeführt ($n-i$ Punktoperationen). Das Erzeugen der Nullen in der i-ten Spalte benötigt also $(n-i+1)(n-i)$ Punktoperationen. Insgesamt benötigt die Transformation auf Dreiecksform also

$$\begin{aligned}\sum_{i=1}^{n-1} (n-i)(n-i+1) &= \sum_{j=1}^{n-1} j(j+1) = \sum_{j=1}^{n-1} j^2 + \sum_{j=1}^{n-1} j \\ &= \frac{1}{6}(n-1)\,n\,(2(n-1)+1) + \frac{1}{2}(n-1)\,n = \frac{1}{3}n^3 - \frac{1}{3}n\end{aligned}$$

Punktoperationen. Für die Berechnung von $\det \boldsymbol{A}$ sind noch die Diagonalelemente miteinander zu multiplizieren, was $n-1$ Punktoperationen bedeutet. Insgesamt benötigt also die Berechnung von $\det \boldsymbol{A}$ mit dem Gauß-Algorithmus $\frac{n^3}{3} + \frac{2}{3}n - 1$ Punktoperationen. Bei einer Berechnung von $\det \boldsymbol{A}$ nach dem Determinantenentwicklungssatz würden $n!$ Produkte addiert, wobei jedes dieser Produkte n Faktoren hat. Damit würde diese Methode $\det \boldsymbol{A}$ zu berechnen $(n-1)\,n!$ Punktoperationen benötigen. Dies ist insbesondere für große n ganz erheblich mehr als der Weg über den Gauß-Algorithmus.

3.5 $$A_1 = \begin{pmatrix} 4 & -1 & -5 \\ -12 & 4 & 17 \\ 32 & -10 & -41 \end{pmatrix} \xrightarrow[z_3 := z_3 - 8z_1]{z_2 := z_2 + 3z_1} \begin{pmatrix} 4 & -1 & -5 \\ 0 & 1 & 2 \\ 0 & -2 & -1 \end{pmatrix}$$

$$\xrightarrow{z_3 := z_3 + 2z_2} \begin{pmatrix} 4 & -1 & -5 \\ 0 & 1 & 2 \\ 0 & 0 & 3 \end{pmatrix} \implies \det A_1 = 4 \cdot 1 \cdot 3 = 12.$$

Als Lösung des Gleichungssystems $A_1 x_i = b_i$ (die rechte Seite ist mit den gleichen Zeilenumformungen zu behandeln wie die Matrix) erhält man: $x_1 = (2, -2, 3)^\top$ bzw. $x_2 = (6, -2, 4)^\top$.

$$A_2 = \begin{pmatrix} 2 & 7 & 3 \\ -4 & -10 & 0 \\ 12 & 34 & 9 \end{pmatrix} \xrightarrow[z_3 := z_3 - 6z_1]{z_2 := z_2 + 2z_1} \begin{pmatrix} 2 & 7 & 3 \\ 0 & 4 & 6 \\ 0 & -8 & -9 \end{pmatrix}$$

$$\xrightarrow{z_3 := z_3 + 2z_2} \begin{pmatrix} 2 & 7 & 3 \\ 0 & 4 & 6 \\ 0 & 0 & 3 \end{pmatrix}, \det A_2 = 24, x_1 = \begin{pmatrix} 1 \\ 2 \\ 3 \end{pmatrix}, x_2 = \begin{pmatrix} -2 \\ 3 \\ -4 \end{pmatrix}$$

$$A_3 = \begin{pmatrix} -2 & 5 & 4 \\ -14 & 38 & 22 \\ 6 & -9 & -27 \end{pmatrix} \xrightarrow[z_3 := z_3 + 3z_1]{z_2 := z_2 - 7z_1} \begin{pmatrix} -2 & 5 & 4 \\ 0 & 3 & -6 \\ 0 & 6 & -15 \end{pmatrix}$$

$$\xrightarrow{z_3 := z_3 - 2z_2} \begin{pmatrix} -2 & 5 & 4 \\ 0 & 3 & -6 \\ 0 & 0 & -3 \end{pmatrix}, \det A_3 = 18, x_1 = \begin{pmatrix} -1 \\ 3 \\ -4 \end{pmatrix}, x_2 = \begin{pmatrix} -5 \\ -2 \\ 4 \end{pmatrix}$$

$$A_4 = \begin{pmatrix} 2 & -2 & -4 \\ -10 & 12 & 17 \\ 14 & -20 & -14 \end{pmatrix} \xrightarrow[z_3 := z_3 - 7z_1]{z_2 := z_2 + 5z_1} \begin{pmatrix} 2 & -2 & -4 \\ 0 & 2 & -3 \\ 0 & -6 & 14 \end{pmatrix}$$

$$\xrightarrow{z_3 := z_3 + 3z_2} \begin{pmatrix} 2 & -2 & -4 \\ 0 & 2 & -3 \\ 0 & 0 & 5 \end{pmatrix}, \det A_4 = 20, x_1 = \begin{pmatrix} 1 \\ 5 \\ -3 \end{pmatrix}, x_2 = \begin{pmatrix} 3 \\ 2 \\ -7 \end{pmatrix}$$

3.6 Wir haben: $A = LR$, $Ly = b$, $Rx = y$. Daraus folgt:
$Ax = LRx = Ly = b$, also ist x Lösung des Gleichungssystems.

3.7 Die LR-Zerlegungen lassen sich aus der Lösung zu Aufgabe 3.5 ablesen:

$$L_1 = \begin{pmatrix} 1 & 0 & 0 \\ -3 & 1 & 0 \\ 8 & -2 & 1 \end{pmatrix}, \qquad R_1 = \begin{pmatrix} 4 & -1 & -5 \\ 0 & 1 & 2 \\ 0 & 0 & 3 \end{pmatrix}$$

$$L_2 = \begin{pmatrix} 1 & 0 & 0 \\ -2 & 1 & 0 \\ 6 & -2 & 1 \end{pmatrix}, \qquad R_2 = \begin{pmatrix} 2 & 7 & 3 \\ 0 & 4 & 6 \\ 0 & 0 & 3 \end{pmatrix}$$

$$L_3 = \begin{pmatrix} 1 & 0 & 0 \\ 7 & 1 & 0 \\ -3 & 2 & 1 \end{pmatrix}, \qquad R_3 = \begin{pmatrix} -2 & 5 & 4 \\ 0 & 3 & -6 \\ 0 & 0 & -3 \end{pmatrix}$$

$$L_4 = \begin{pmatrix} 1 & 0 & 0 \\ -5 & 1 & 0 \\ 7 & -3 & 1 \end{pmatrix}, \qquad R_4 = \begin{pmatrix} 2 & -2 & -4 \\ 0 & 2 & -3 \\ 0 & 0 & 5 \end{pmatrix}$$

3.8 Die Berechnung der LR-Zerlegung ist identisch mit dem Gauß-Algorithmus, dessen Aufwand wir schon kennen: $\frac{1}{3}(n^3 - n)$ Punktoperationen.

3.9 Der Aufwand für die LR-Zerlegung ist, wie wir aus der vorigen Aufgabe wissen, $\frac{1}{3}(n^3 - n)$ Punktoperationen. Hinzu kommt der Aufwand für das Lösen von $\boldsymbol{L}\,\boldsymbol{y} = \boldsymbol{b}$ und $\boldsymbol{R}\,\boldsymbol{x} = \boldsymbol{y}$. Für letzteres ist der Aufwand, wie wir schon in Algorithmus 3.1 gesehen haben, $\frac{1}{2}\,n\,(n+1)$ Punktoperationen. Der Aufwand für ersteres ist um n Punktoperationen niedriger, da die Diagonalelemente nach Konstruktion stets 1 sind. Insgesamt benötigt also die Lösung von $\boldsymbol{A}\,\boldsymbol{x} = \boldsymbol{b}$ mit der LR-Zerlegung

$$\frac{1}{3}(n^3 - n) + 2\,\frac{1}{2}\,n\,(n+1) - n = \frac{1}{3}\,n^3 + n^2 - \frac{1}{3}\,n \quad \text{Punktoperationen.}$$

3.10 $R_1 = \begin{pmatrix} 2 & -1 & 3 \\ 0 & 2 & 1 \\ 0 & 0 & 4 \end{pmatrix}$, $R_2 = \begin{pmatrix} 3 & 4 & 2 \\ 0 & 3 & 5 \\ 0 & 0 & 7 \end{pmatrix}$, $R_3 = \begin{pmatrix} 2 & -4 & 3 \\ 0 & 1 & 4 \\ 0 & 0 & 3 \end{pmatrix}$

$R_5 = \begin{pmatrix} 8 & -5 & 2 \\ 0 & 2 & 3 \\ 0 & 0 & 7 \end{pmatrix}$ $\quad \boldsymbol{A}_4, \boldsymbol{A}_6$ sind nicht positiv definit.

3.11 Aus dem Cholesky-Algorithmus sieht man, dass für jedes $i = 1, \ldots, n$ nötig sind:

- $i - 1$ Punktoperationen zur Berechnung von S sowie
- für jedes $j = i - 1, \ldots, n$: i Punktoperationen, also $i\,(n - i)$ Punktoperationen.

Insgesamt ist die Anzahl der benötigten Punktoperationen also

$$\begin{aligned}\sum_{i=1}^{n} i - 1 + i\,(n-i) &= \sum_{i=1}^{n} i\,(n+1) - \sum_{i=1}^{n} 1 - \sum_{i=1}^{n} i^2 \\ &= \frac{1}{2}(n+1)^2 n - n - \frac{1}{6}\,n\,(n+1)\,(2n+1) = \frac{1}{6}\,n^3 + \frac{1}{2}\,n^2 - \frac{2}{3}\,n.\end{aligned}$$

Wird die Cholesky-Zerlegung zur Lösung eines Gleichungssystems verwendet, kommt noch je einmal Vorwärts- und Rückwärtseinsetzen hinzu, was $n\,(n+1)$ weitere Punktoperationen bedeutet.

3.12 Alle Werte sind gerundet.

$$A_1 = \begin{pmatrix} -0.116 & -0.736 & -0.667 \\ 0.349 & -0.659 & 0.667 \\ -0.930 & -0.155 & 0.333 \end{pmatrix} \cdot \begin{pmatrix} -34.409 & 10.811 & 44.639 \\ 0 & -0.349 & -1.163 \\ 0 & 0 & 1 \end{pmatrix}$$

$$A_2 = \begin{pmatrix} -0.156 & -0.729 & -0.667 \\ 0.312 & -0.677 & 0.667 \\ -0.937 & -0.104 & 0.333 \end{pmatrix} \cdot \begin{pmatrix} -12.806 & -36.076 & -8.902 \\ 0 & -1.874 & -3.124 \\ 0 & 0 & 1 \end{pmatrix}$$

$$A_3 = \begin{pmatrix} -0.130 & 0.00759 & 0.992 \\ -0.911 & -0.395 & -0.117 \\ 0.391 & -0.919 & 0.0583 \end{pmatrix} \cdot \begin{pmatrix} 15.362 & -38.796 & -31.115 \\ 0 & -6.697 & 16.150 \\ 0 & 0 & -0.175 \end{pmatrix}$$

$$A_4 = \begin{pmatrix} -0.116 & 0.349 & -0.930 \\ 0.577 & -0.738 & -0.349 \\ -0.808 & -0.577 & -0.116 \end{pmatrix} \cdot \begin{pmatrix} -17.321 & 23.325 & 21.593 \\ 0 & 1.987 & -5.866 \\ 0 & 0 & -0.581 \end{pmatrix}$$

3.13 Wenn $\boldsymbol{u} \in \mathbb{R}^k$ auf die $k \times k$-Householder-Matrix $\boldsymbol{H}_i$ führt, so führt der Vektor $\boldsymbol{u}_{\text{neu}} := (0, 0, \ldots, u_1, \ldots, u_k)^\top \in \mathbb{R}^n$ (also mit $n - k$ Nullen) auf die erweiterte Matrix $\boldsymbol{Q}_i = \begin{pmatrix} \boldsymbol{I}_{n-k} & \boldsymbol{0} \\ \boldsymbol{0} & \boldsymbol{H}_i \end{pmatrix}$.

3.14 Es muss das System $\boldsymbol{R}\boldsymbol{x} = \boldsymbol{Q}^\top \boldsymbol{b}$ gelöst werden. Die Berechnung der rechten Seite $\boldsymbol{Q}^\top \boldsymbol{b}$ benötigt n^2 Punktoperationen, die Lösung des Dreieckssystems $\boldsymbol{R}\boldsymbol{x} = \boldsymbol{Q}^\top \boldsymbol{b}$, wenn $\boldsymbol{Q}^\top \boldsymbol{b}$ bekannt ist, $\frac{1}{2}\, n\,(n+1)$ Punktoperationen (siehe Abschnitt 3.2). Macht zusammen $\frac{1}{2}\, n\,(3\,n+1)$.

3.15 Die Iteration wird genauso wie in 2.3 gebildet, wir bezeichnen die Iterierten, die hier Vektoren sind, mit $\boldsymbol{x}^{(n)}$ anstelle – wie in Kapitel 2 – mit x_n.

$$\boldsymbol{x}^{(n+1)} = \begin{pmatrix} 0 & -2 & 1 \\ -4 & 3 & -6 \\ -3 & -1 & 1 \end{pmatrix} \boldsymbol{x}^{(n)} + \begin{pmatrix} 9 \\ -4 \\ 9 \end{pmatrix}.$$

Wir wählen als Startvektor den Nullvektor und erhalten:

i	0	1	2	3	4	5
$\boldsymbol{x}^{(i)}$	$\begin{pmatrix} 0 \\ 0 \\ 0 \end{pmatrix}$	$\begin{pmatrix} 9 \\ -4 \\ 9 \end{pmatrix}$	$\begin{pmatrix} 26 \\ -106 \\ -5 \end{pmatrix}$	$\begin{pmatrix} 216 \\ -396 \\ 32 \end{pmatrix}$	$\begin{pmatrix} 833 \\ -2248 \\ -211 \end{pmatrix}$	$\begin{pmatrix} 4294 \\ -8814 \\ -453 \end{pmatrix}$

Es sieht nicht so aus als konvergiert diese Folge.

3.16 Die Konvergenz ist schon durch die Diagonaldominanz gesichert (siehe Beispiel 3.17). Für die Iterationsmatrix $\boldsymbol{B} = -(\boldsymbol{D} + \boldsymbol{L})^{-1}\boldsymbol{R}$ erhalten wir $\|\boldsymbol{B}\|_\infty = 0.5$ (zur Erinnerung: Im Falle des Gesamtschrittverfahren hatten wir hier 0.6). Wir gehen analog zu Beispiel 3.17 vor: Mit der a-posteriori-Abschätzung erhalten wir:

$$\|\boldsymbol{x}^{(4)}-\bar{\boldsymbol{x}}\|_\infty \le \frac{\|\boldsymbol{B}\|_\infty}{1-\|\boldsymbol{B}\|_\infty}\cdot\|\boldsymbol{x}^{(4)}-\boldsymbol{x}^{(3)}\|_\infty = 0.0068091.$$

Der wirkliche Fehler von $\boldsymbol{x}^{(4)}$ ist: $\|\boldsymbol{x}^{(4)}-\bar{\boldsymbol{x}}\|_\infty = 0.001355750$.
Die a-priori-Abschätzung (3.13), ausgehend von $\boldsymbol{x}^{(0)}$, führt auf die Forderung $n \ge 15.9$. Ab $\boldsymbol{x}^{(16)}$ würden die Iterierten also der Genauigkeitsforderung genügen. Verbesserte Abschätzung a-priori ab $n = 4$:

$$\|\boldsymbol{x}^{(n)}-\bar{\boldsymbol{x}}\|_\infty \le \frac{0.5^{n-3}}{0.5}\cdot\|\boldsymbol{x}^{(4)}-\boldsymbol{x}^{(3)}\|_\infty \overset{!}{\le} 10^{-4} \iff n \ge 8.09.$$

Also würde auch schon $\boldsymbol{x}^{(9)}$ der Genauigkeitsforderung genügen.

3.17 Falsch: Man betrachte z. B. $\begin{pmatrix}1 & 2\\ 2 & 4\end{pmatrix}$.

3.18 Wahr: In diesem Fall sind alle Schritte im Gauß-Algorithmus durchführbar, sodass stets eine Lösung des Gleichungssystems gefunden wird.

3.19 Wahr, denn die Durchführbarkeit des Gauß-Algorithmus hängt nur von der Matrix $\boldsymbol{A}$ ab und nicht von der rechten Seite.

3.20 Falsch: Falls $\boldsymbol{R}$ und $\boldsymbol{A}$ beide die Nullmatrix sind, so gilt $\boldsymbol{A} = \boldsymbol{R}^\top\boldsymbol{R}$, aber $\boldsymbol{A}$ ist nicht positiv definit, denn $\boldsymbol{x}^\top\boldsymbol{A}\boldsymbol{x} = 0$ für alle $\boldsymbol{x}$.

3.21 Falsch, siehe Beispiel 3.18.

4.1

i	0	1	2	3	4
$\boldsymbol{x}^{(i)}$	$\begin{pmatrix}-4\\-2\end{pmatrix}$	$\begin{pmatrix}2.909\\-1.455\end{pmatrix}$	$\begin{pmatrix}2.302\\-1.151\end{pmatrix}$	$\begin{pmatrix}2.051\\-1.025\end{pmatrix}$	$\begin{pmatrix}2.0018\\-1.0009\end{pmatrix}$

i	0	1	2	3	4
$\boldsymbol{x}^{(i)}$	$\begin{pmatrix}1\\0.4\end{pmatrix}$	$\begin{pmatrix}0.492\\-0.246\end{pmatrix}$	$\begin{pmatrix}-0.0729\\0.0365\end{pmatrix}$	$\begin{pmatrix}1.95\cdot 10^{-4}\\-9.73\cdot 10^{-5}\end{pmatrix}$	$\approx \boldsymbol{o}$

4.2

i	0	1	2	5	10
$\boldsymbol{x}^{(i)}$	$\begin{pmatrix}-4\\-2\end{pmatrix}$	$\begin{pmatrix}2.909\\-1.455\end{pmatrix}$	$\begin{pmatrix}2.614\\-1.307\end{pmatrix}$	$\begin{pmatrix}2.258\\-1.129\end{pmatrix}$	$\begin{pmatrix}2.0817\\-1.041\end{pmatrix}$

i	0	1	2	5	10
$\boldsymbol{x}^{(i)}$	$\begin{pmatrix}1\\0.4\end{pmatrix}$	$\begin{pmatrix}0.492\\-0.246\end{pmatrix}$	$\begin{pmatrix}-0.397\\0.199\end{pmatrix}$	$\begin{pmatrix}0.258\\-0.129\end{pmatrix}$	$\begin{pmatrix}-0.153\\0.767\end{pmatrix}$

Man sieht, dass das vereinfachte Newton-Verfahren auch gegen die Nullstelle konvergiert, jedoch deutlich langsamer.

5.1 $p_1(x) = -11 + 9\,(x+1) - 2\,(x+1)\,x + 3\,(x+1)\,x\,(x-1)$,
$p_2(x) = 1 - 4\,(x+1) + 2\,(x+1)\,x - 3\,(x+1)\,x\,(x-2)$,
$p_3(x) = -31 + 13\,(x+2) - (x+2)\,x + 2\,(x+2)\,x\,(x-2)$,
$p_4(x) = -4 + 3\,x + 4\,x\,(x-1) + 2\,x\,(x-1)\,(x-3)$.

5.2 Es gilt $|f^{(4)}(x)| = |\sin x| \leq 1$ für alle x. Dies führt auf die Forderung

$$h \leq \sqrt[4]{\frac{64}{3}} \cdot 10^{-0.25\,m}.$$

Für $m = 4$ reicht also $h \leq 0.2$ aus, d. h. auf $[0, \frac{\pi}{2}]$ benötigt man 8 Werte.

5.3 Wir interpolieren zunächst linear mit den beiden Werten für $x = 0.2$ und $x = 0.3$, was $p(0.27) = 0.2635800334$ ergibt. Für die zugehörige Fehlerabschätzung benötigen wir f''. Es ist:

$$f'(x) = \mathrm{e}^{-x^2}, \quad f''(x) = -2\,x\,\mathrm{e}^{-x^2}.$$

Auf $[0.2, 0.3]$ haben wir damit:

$$|f''(x)| = 2\,x\,\mathrm{e}^{-x^2} \leq 0.6\,\mathrm{e}^{-0.2^2} \leq 0.6.$$

Der Interpolationsfehler lässt sich nach (5.2) wie folgt abschätzen:

$$|f(0.27) - p(0.27)| \leq \frac{0.6}{2}\,|(0.27 - 0.2)\,(0.3 - 0.27)| = 0.00063.$$

Dies war der absolute Fehler, die Aufgabenstellung verlangt aber den relativen Fehler. Es gilt:

$$|f(0.27)| = f(0.27) \geq f(0.2) \geq 0.19 \Longrightarrow$$

$$\frac{|f(0.27) - p(0.27)|}{|f(0.27)|} \leq \frac{0.00063}{0.19} \leq 0.0034 < 0.01.$$

Lineare Interpolation reicht also aus.

5.4 Da es sich um die Bestimmungen von Geraden durch zwei Punkte handelt, sieht man mithilfe von schulmathematischen Methoden:

$$s(x) = \begin{cases} -7\,x - 2 & x \in [-1, 0] \\ 11\,x - 2 & x \in [0, 1] \\ -13\,x + 22 & x \in [1, 2] \end{cases}$$

5.5 $s_1(x) = \begin{cases} -2x^3-6x^2+5x-2 & x\in[-1,0] \\ 6x^3-6x^2+5x-2 & x\in[0,1] \\ -4x^3+24x^2-25x+8 & x\in[1,2] \end{cases}$

$s_2(x) = \begin{cases} 3x^3+9x^2+2x-3 & x\in[-1,0] \\ -4.5x^3+9x^2+2x-3 & x\in[0,2] \\ 6x^3-54x^2+128x-87 & x\in[2,3] \end{cases}$

$s_3(x) = \begin{cases} -x^3-6x^2+5x-5 & x\in[-2,0] \\ 4x^3-6x^2+5x-5 & x\in[0,2] \\ -3x^3+36x^2-79x+51 & x\in[2,4] \end{cases}$

$s_4(x) = \begin{cases} 3x-4 & x\in[0,1] \\ 3x^3-9x^2+12x-7 & x\in[1,3] \\ -6x^3+72x^2-231x+236 & x\in[3,4] \end{cases}$

5.6 $s_1(x) = \begin{cases} 3x^3-13x^2+x+25 & x\in[1,3] \\ -4x^3+50x^2-188x+214 & x\in[3,5] \\ x^3-25x^2+187x-411 & x\in[5,7] \end{cases}$

$s_2(x) = \begin{cases} -x^3+12x^2-6x+5 & x\in[0,1] \\ -9x^3+36x^2-30x+13 & x\in[1,2] \\ 5x^3-48x^2+138x-99 & x\in[2,4] \end{cases}$

6.1 $y=2.3x+3.5,\ y=-1.25x+0.25,\ y=0.75x+6.5,\ y=1.8x+4.8.$

6.2 $f_1(x)=1.2+2.1x+4.5x^2,\ f_2(x)=2.756321839\sqrt{x+1}+2.103448276x.$

6.3 Startet man das Gauß-Newton-Verfahren z. B. mit $\boldsymbol{x}^{(0)}=(1,1)^\top$, so erhält man ab $\boldsymbol{x}^{(8)}=(4.037373597, 4.884097673)^\top$ keine Veränderung mehr in den ersten 10 Stellen. Das Residuum ist $\|\boldsymbol{f}(\boldsymbol{x}^{(8)})\|_2^2=0.017$.

7.1 Mit 10-stelliger dezimaler Rechnung erhält man:

h	$\lvert D_2 f(1,h)-\cos 1\rvert$	h	$\lvert D_2 f(1,h)-\cos 1\rvert$
1.0	0.0856535925	10^{-6}	0.0000023059
10^{-1}	0.0009000534	10^{-7}	0.0003023059
10^{-2}	0.0000090059	10^{-8}	0.0003023059
10^{-3}	0.0000001059	10^{-9}	0.0403023059
10^{-4}	0.0000003059	10^{-10}	0.5403023059
10^{-5}	0.0000026941	10^{-11}	0.5403023059

Das optimale h liegt etwa bei $h=10^{-3}$. Die beobachteten Phänomene sind die gleichen wie in Beispiel 7.2. Da die Formel $D_2 f$ genauer ist als $D_1 f$, fällt das optimale h entsprechend niedriger aus.

7.2 Vorgehen und Bezeichnungen analog zu den Erläuterungen zu Bild 7.1.

Rundungsfehler von $D_2 f(x_0, h) \approx \dfrac{2 \cdot E}{2 \cdot h}$

Diskretisierungsfehler von $D_2 f(x_0, h) \approx \dfrac{1}{6} \cdot |f'''(x_0)| \cdot h^2$ (siehe (7.4))

Ableitung des Gesamtfehlers $\dfrac{E}{h} + \dfrac{1}{6} \cdot |f'''(x_0)| \cdot h^2$ gleich Null setzen:

$-\dfrac{E}{h^2} + \dfrac{2}{6} \cdot |f'''(x_0)| \cdot h = 0.$

Umstellen nach h und verwenden von $E \approx eps \cdot |f(x_0)|$ führt auf:

$$h \approx \sqrt[3]{3 \cdot eps \cdot \frac{|f(x_0)|}{|f'''(x_0)|}}.$$

Angewandt auf die Situation in Aufgabe 7.1 erhält man:

$h \approx \sqrt[3]{3 \cdot 5 \cdot 10^{-10} \cdot \tan 1} \approx 1.3 \cdot 10^{-3}$, einen Wert, den wir in der Tabelle bestätigt sehen.

7.3 Vorgehen und Bezeichnungen analog zu den Erläuterungen zu Bild 7.1.

Für alle drei Formeln gilt: Rundungsfehler $\approx \dfrac{4 \cdot E}{h^2}$.

Für $D_3 f$ ist der Diskretisierungsfehler

$$D_3 f(x, h) - f''(x) = f'''(x)\, h + \frac{7}{12} f^{(4)}(x)\, h^2 + \ldots \approx f'''(x)\, h.$$

Ableitung des Gesamtfehlers $\dfrac{4 \cdot E}{h^2} + f'''(x)\, h$ gleich Null setzen:

$-2 \cdot \dfrac{4 \cdot E}{h^3} + |f'''(x)| = 0.$

Umstellen nach h und verwenden von $E \approx eps \cdot |f(x_0)|$ führt auf:

$$h \approx \sqrt[3]{8 \cdot eps \cdot \frac{|f(x_0)|}{|f'''(x_0)|}}.$$

Für $D_4 f$ ist der Diskretisierungsfehler

$$D_4 f(x, h) - f''(x) = \frac{1}{12} f^{(4)}(x)\, h^2 + \frac{1}{360} f^{(6)}(x)\, h^4 + \ldots \approx \frac{1}{12} f^{(4)}(x)\, h^2.$$

Ableitung des Gesamtfehlers $\dfrac{4 \cdot E}{h^2} + \dfrac{1}{12} |f^{(4)}(x)|\, h^2$ gleich Null setzen:

$-2 \cdot \dfrac{4 \cdot E}{h^3} + \dfrac{2}{12} |f^{(4)}(x)|\, h = 0.$

Umstellen nach h und verwenden von $E \approx eps \cdot |f(x_0)|$ führt auf:

$$h \approx \sqrt[4]{48 \cdot eps \cdot \frac{|f(x_0)|}{|f^{(4)}(x_0)|}}.$$

Für $D_5 f$ ist der Diskretisierungsfehler

$$D_5 f(x, h) - f''(x) = -f'''(x)\, h + \tfrac{7}{12} f^{(4)}(x)\, h^2 + \ldots \approx -f'''(x)\, h.$$

Betragsmäßig ist dies derselbe Diskretisierungsfehler wie der von $D_3 f$, wir erhalten also dieselbe Formel für das optimale h wie bei $D_3 f$.

Die Formeln $D_3 f$ und $D_5 f$ haben also Fehlerordnung 1, die Formel $D_4 f$ hat Fehlerordnung 2.

7.4 Bei 10-stelliger dezimaler Rechnung erhält man:

h	$\lvert D_3 f(1,h)+\sin 1\rvert$	$\lvert D_4 f(1,h)+\sin 1\rvert$	$\lvert D_5 f(1,h)+\sin 1\rvert$
1.0	0.0054671236	0.0678264416	0.8414709848
10^{-1}	0.0489939352	0.0007009548	0.0587966548
10^{-2}	0.0053520152	0.0000029848	0.0054539848
10^{-3}	0.0009290152	0.0003290152	0.0002709848
10^{-4}	0.0385290152	0.0385290152	0.0285290152
10^{-5}	4.158529015	4.158529015	4.841470985
10^{-6}	200.8414710	399.1585290	0.8414709848
10^{-7}	29999.15853	39999.15853	49999.15853

Es ist deutlich zu beobachten, dass die Formel $D_4 f$ genauer ist als die Formeln $D_3 f$ und $D_5 f$. Bei kleiner werdendem h ist auch der zerstörende Effekt der Auslöschung zu beobachten. Das optimale h, abgelesen aus obiger Tabelle, ist $h = 10^{-3}$ für $D_3 f$ und $D_5 f$ und $h = 10^{-2}$ für $D_4 f$. Das optimale h, geschätzt mit der Faustformel aus der vorigen Aufgabe, ist $h \approx 1.6 \cdot 10^{-3}$ für $D_3 f$ und $D_5 f$ und $h \approx 1.2 \cdot 10^{-2}$ für $D_4 f$.

7.5 Mit den Bezeichnungen wie in der Herleitung der summierten Mittelpunktsregel gilt:

$$\int_a^b f(x)\,\mathrm{d}x = \sum_{i=1}^n \int_{x_i-h}^{x_i} f(x)\,\mathrm{d}x \approx \sum_{i=1}^n \frac{h}{2}\big(f(x_{i-1}) + f(x_i)\big)$$

$$= \frac{h}{2}\sum_{i=1}^n \big(f(x_{i-1}) + f(x_i)\big) = h\left(\frac{f(a)+f(b)}{2} + \sum_{i=1}^{n-1} f(x_i)\right) = Tf(h).$$

7.6 Vorgehen genauso wie in Beispiel 7.10 mit $Rf = 2f(0)$:

$f(x)$	If	Rf	Ef
$x^0 = 1$	2	2	0
x	$0.5\,x^2\vert_{-1}^1 = 0$	$2\cdot 0 = 0$	0
x^2	$\frac{1}{3}x^3\vert_{-1}^1 = \frac{2}{3}$	$2\cdot 0^2 = 0$	$\neq 0$

Die Fehlerordnung ist also genau 2.

7.7 Vorgehen genauso wie in Beispiel 7.10 mit $Sf = \frac{1}{3}(f(-1) + 4f(0) + f(1))$:

$f(x)$	If	Rf	Ef
$x^0 = 1$	2	2	0
x	$0.5\,x^2\vert_{-1}^{1} = 0$	$\frac{1}{3}(-1+0+1) = 0$	0
x^2	$\frac{1}{3}x^3\vert_{-1}^{1} = \frac{2}{3}$	$\frac{1}{3}((-1)^2+0+1^2) = \frac{2}{3}$	0
x^3	$\frac{1}{4}x^4\vert_{-1}^{1} = 0$	$\frac{1}{3}((-1)^3+0+1^3) = 0$	0
x^4	$\frac{1}{5}x^5\vert_{-1}^{1} = \frac{2}{5}$	$\frac{1}{3}((-1)^4+0+1^4) = \frac{2}{3}$	$\neq 0$

Die Fehlerordnung ist also genau 4.

7.8 Sei Qf eine interpolatorische Quadraturformel mit n Stützstellen und p ein Polynom vom Grad max. $n-1$. Das Interpolationspolynom, das p an den n Stützstellen interpoliert, ist eindeutig und vom Grad max. $n-1$; p selbst interpoliert aber auch p an den Stützstellen und ist vom Grad max. $n-1$, also muss das Interpolationspolynom identisch mit p sein. Da Qp aber nichts anderes als das Integral des Interpolationspolynoms, also das von p, ist, ist der Quadraturfehler 0, was zu zeigen war.

7.9 Wir wählen $x = x(u) = (b-a)\,u + a$, dann ist $x(0) = a$ und $x(1) = b$. Damit erhalten wir:

$$\int_a^b f(x)\,\mathrm{d}x = (b-a)\int_0^1 f((b-a)\,u+a)\,\mathrm{d}u = (b-a)\int_0^1 g(u)\,\mathrm{d}u$$

mit $g(u) := f((b-a)\,u+a)$. Zur Transformation von Fehlerdarstellungen dient dann

$$g^{(k)}(u) = (b-a)^k f^{(k)}((b-a)\,u+a).$$

7.10 Mit $f(x) := \mathrm{e}^{-x^2}$ haben wir gemäß (7.20) h so zu bestimmen, dass

$$\left|I - Tf(h)\right| \leq \tfrac{h^2}{12}\,(0.5-0)\,\max_{x\in[0,0.5]}|f''(x)| \overset{!}{\leq} 10^{-5}$$

gilt. Wir haben auf $[0, 0.5]$

$$|f''(x)| = 2\,\underbrace{\mathrm{e}^{-x^2}}_{\leq 1}\,|1-2x^2| \leq 2\,(1-2x^2) \leq 2.$$

Unsere Forderung an h lautet also $\frac{h^2}{12} \overset{!}{\leq} 10^{-5}$, d. h., $h \leq 0.01095\ldots$ Wegen $N = (0.5-0)/h$ reicht demnach $N = 46$ aus. Mit $h = 0.5/46$ erhalten wir $Tf(h) = 0.4612733389$.

8.1 Das Euler-Verfahren für $y'(t) = 5$, $y(0) = 2$ lautet $y_{n+1} = y_n + h5$. Daraus erhält man nach N Schritten der Schrittweite $h = 2$ den Wert $y_N = y_0 + Nh5$. Wollen wir eine Näherung für $y(2)$ ausgehend von $y(0)$ berechnen, so ist $N\,h = 2$ und wir erhalten $y_N = y_0 + 10 = 12$. Dazu haben wir die Kenntnis von h gar nicht benutzt, wir erhalten also $y_N = 12$ für jede Schrittweite h mit $N\,h = 2$. Die exakte Lösung des Anfangswertproblems ist $y(t) = 5\,t + 2$, sodass das Euler-Verfahren in diesem Fall den exakten Wert liefert. Die Erklärung liefert (8.5): Da für die exakte Lösung $y''(t) = 0$ gilt, ist in jedem Schritt der globale Fehler $|y(t_n) - y_n| = 0$. Dies kann man auch anhand des Richtungsfeldes einsehen: Die Steigungen im Richtungsfeld haben in jedem Punkt den konstanten Wert 5. Das Euler-Verfahren verfolgt die Tangentenrichtung an das Richtungsfeld; Tangenten an eine Gerade sind aber identisch mit der Geraden, sodass das Euler-Verfahren dem Richtungsfeld exakt folgt.

8.2 Die exakte Lösung von $y' = -200\,y$, $y(0) = 1$ ist $y(t) = e^{-200\,t}$; diese fällt exponentiell ab gegen 0 für $t \to \infty$. Das Euler-Verfahren dazu lautet $y_{n+1} = y_n + h(-200\,y_n) = (1 - 200\,h)\,y_n$. Mit $y_0 = 1$ erhält man also $y_n = (1 - 200\,h)^n\,y_0 = (1 - 200\,h)^n$. Damit $\lim\limits_{n\to\infty} y_n = 0$ gilt, muss $|1 - 200\,h| < 1$ erfüllt sein, d. h. $h < 0.01$. Nur für Schrittweiten $h < 0.01$ weisen also die vom Euler-Verfahren erzeugten Näherungen das gleiche Verhalten für $n \to \infty$ wie die exakte Lösung $y(t)$ für $t \to \infty$ auf.

8.3 Durch Integrieren der Differenzialgleichung findet man $y(b) = \int_a^b f(s)\,ds$. Für die Formulierung der Verfahren beachten wir $f(t, y) = f(t)$ und erhalten für die Mittelpunktsregel $y_{n+1} = y_n + h\,f(t_n + \frac{h}{2})$, $y_0 = 0$. Eine Näherung für $y(b)$ erhalten wir mit $N \in \mathbb{N}$ und $N\,h := b - a$ und Verwenden der Rekursionsformel für $n = 0, 1, \ldots, N$. Dies ergibt:

$$\begin{aligned} y_N &= y_{N-1} + h\,f(t_{N-1} + \frac{h}{2}) \\ &= y_{N-2} + h\,f(t_{N-2} + \frac{h}{2}) + h\,f(t_{N-1} + \frac{h}{2}) = \ldots = h \sum_{i=0}^{N-1} f(t_i + \frac{h}{2}). \end{aligned}$$

Diese Formel ist identisch mit der summierten Mittelpunktsregel $Rf(h)$ zur Quadratur, siehe (7.14). Die Mittelpunktsregel für Anfangswertprobleme hat die Konvergenzordnung 2, d. h. der Fehler ist $O(h^2)$. Demnach muss auch die Verwendung als Quadraturformel einen Fehler $O(h^2)$ haben – dies sehen wir in der Tat in der Fehlerabschätzung (7.19) bestätigt.

Mit dem Verfahren von Heun erhalten wir analog die Rekursionsformel

$$y_{n+1} = y_n + \frac{h}{2}(f(t_n) + f(t_n + h))$$

und damit

$$\begin{aligned} y_N &= y_{N-1} + \frac{h}{2}(f(t_{N-1}) + f(t_N)) \\ &= y_{N-2} + \frac{h}{2}(f(t_{N-2}) + 2f(t_{N-1}) + f(t_N)) \\ &= \ldots = h\left(\frac{f(a) + f(b)}{2} + \sum_{i=1}^{N-1} f(t_i)\right), \end{aligned}$$

welches wir als summierte Trapezregel $Tf(h)$, siehe (7.15), wiedererkennen. Das Verfahren von Heun hat ebenfalls Konvergenzordnung 2, welche folglich dieselbe wie die Trapezregel in der Quadratur sein muss und auch ist, siehe (7.20).

8.4 Man sieht aus (8.9), dass stets $k_i = 1$ ist, also $y_{n+1} = y_n + h\sum_{j=1}^{s} b_j$. Mit $Nh = t - t_0$ erhält man

$$y_N = y_0 + Nh\sum_{j=1}^{s} b_j = y_0 + (t - t_0)\sum_{j=1}^{s} b_j.$$

Die exakte Lösung von $y' = 1$, $y(t_0) = y_0$ ist $y(t) = t - t_0 + y_0$. Damit $y_N = y(t)$ erfüllt ist, muss also $\sum_{j=1}^{s} b_j = 1$ gelten.

Literatur

[1] Bollhöfer, M., Mehrmann, V.: *Numerische Mathematik.* Vieweg+Teubner Verlag, 2004

[2] Dahmen, W., Reusken, A.: *Numerik für Ingenieure und Naturwissenschaftler.* Springer Verlag, 2008 (2. Aufl.)

[3] Deuflhard, P., Hohmann, A.: *Numerische Mathematik I. Eine algorithmisch orientierte Einführung.* de Gruyter Verlag, 2018 (5. Aufl.)

[4] Engeln-Müllges, G., Niederdrenk, K., Wodicka, R.: *Numerik-Algorithmen.* Springer Verlag, 2011 (10. Aufl.)

[5] Freund, R. W., Hoppe, R. H. W.: *Stoer/Bulirsch: Numerische Mathematik 1.* Springer Verlag, 2007 (10. Aufl.)

[6] Freund, R. W., Hoppe, R. H. W.: *Stoer/Bulirsch: Numerische Mathematik 2.* Springer Verlag, 2011 (6. Aufl.)

[7] Hairer, E., Nørsett, S., Wanner, G.: *Solving Ordinary Differential Equations, I. Nonstiff Problems.* Springer Verlag, 2008 (4. Aufl.)

[8] Hanke-Bourgeois, M.: *Grundlagen der Numerischen Mathematik und des Wissenschaftlichen Rechnens.* Vieweg+Teubner Verlag, 2009 (3. Aufl.)

[9] Knorrenschild, M.: *Mathematik für Ingenieure 1.* Carl Hanser Verlag, 2009

[10] Knorrenschild, M.: *Mathematik für Ingenieure 2.* Carl Hanser Verlag, 2014

[11] Schwarz, H. R., Köckler, N.: *Numerische Mathematik.* Vieweg+Teubner Verlag, 2011 (8. Aufl.)

[12] Sonar, Th.: *Angewandte Mathematik, Modellbildung und Informatik.* Vieweg+Teubner Verlag, 2001

[13] Überhuber, Ch.: *Computer Numerik 1.* Springer Verlag, 1995

Stichwortverzeichnis